青少年 科普图书馆

世界科普巨匠经典译丛·第一辑

INTERESTING MATHEMATICS PUZZLES

趣味数学谜题

（苏）别莱利曼／著　杨和胜／译

上海科学普及出版社

图书在版编目（CIP）数据

趣味数学谜题 / (苏) 别莱利曼著；杨和胜译. – 上海：上海科学普及出版社，2013.10（2022.6 重印）

（世界科普巨匠经典译丛 · 第一辑）

ISBN 978-7-5427-5832-3

Ⅰ. ①趣… Ⅱ. ①别… ②杨… Ⅲ. ①数学–普及读物 Ⅳ. ① O1-49

中国版本图书馆 CIP 数据核字 (2013) 第 173905 号

责任编辑：李 蕾

世界科普巨匠经典译丛 · 第一辑

趣味数学谜题

(苏) 别莱利曼 著 杨和胜 译

上海科学普及出版社出版发行

（上海中山北路 832 号 邮编 200070）

http://www.pspsh.com

各地新华书店经销 三河市华晨印务有限公司印刷

开本 787 × 1092 1/12 印张 20 字数 240 000

2013 年 10 月第 1 版 2022 年 6 月第 3 次印刷

ISBN 978-7-5427-5832-3 定价：39.80 元

目录

CONTENTS

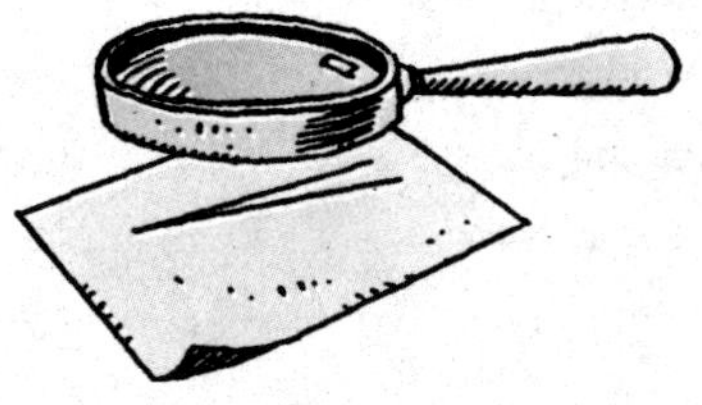

第7章 关于钟表的问题

第8章 关于交通工具的问题

第9章 出人意料的计算结果

第10章 不容易办到的事

第11章 选自《格列佛游记》的题目

第12章 关于数字的难题

第13章 关于数数的问题

第14章 最简单的心算法

第15章 幻 方

第16章 一笔画

第 17 章 有趣的几何难题

第 18 章 没有尺子的测量

第 19 章 神奇的多米诺骨牌

第 20 章 有趣的数学小游戏

第1章

排列和布局

1.1 24个人排六排

有这样一个笑话：一共有9匹马，把它们放在10个围栏里，每个里面都有一匹马。听起来是不是很好笑，下面这个问题就跟这个笑话类似。

把24个人排成6排，怎么排才能使每一排都有5个人？

解 只要排成图1-1的形状，就满足了这个题目的要求。

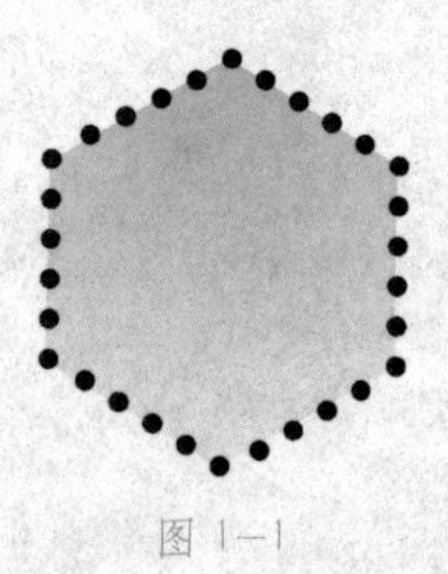

图1-1

1.2 9个0

把9个o排成下面的形状：

o　o　o

o　o　o

o　o　o

用四条直线把所有的o都划掉。有一个条件，在划掉9个o的时候，笔尖不要离开纸。

解 如图1-2所示，这就是正确的答案。

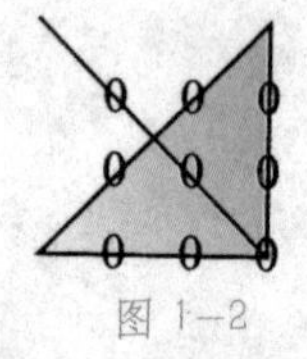

图1-2

1.3 36个0

题

在下面的方格中有36个0，划掉12个0后，横行和竖行剩下的0的数目都相同。请问：要划掉哪12个0？

0	0	0	0	0	0
0	0	0	0	0	0
0	0	0	0	0	0
0	0	0	0	0	0
0	0	0	0	0	0
0	0	0	0	0	0

解 从36个0划掉12个后，会剩下24个，也就是每一行和每一列都留下4个。剩下的0的排列顺序如下表：

0		0	0	0	
		0	0	0	0
0	0	0			0
0	0		0		0
0	0			0	0
	0	0	0	0	

1.4 两枚棋子

题

有一个空的棋盘，在上面放上两枚不同的棋子，一共有多少种放法？

解 第一枚棋子可以占据64个空位的任何一个，也就是有64种放法。之后，由于第一枚棋子占据了一个位置，所以剩下63个空位供第二枚棋子选择。也就是说，第一枚棋子放法中的每一种都对应着第二枚棋子的63种放法，因此总的放法是：64×63=4 032种。

1.5 落到窗帘上的苍蝇

题

有9只苍蝇落到方格形的窗帘上，它们现在所处的位置如图1-3，任何两只苍蝇都不在同一条直线上，也不在同一条斜线上。

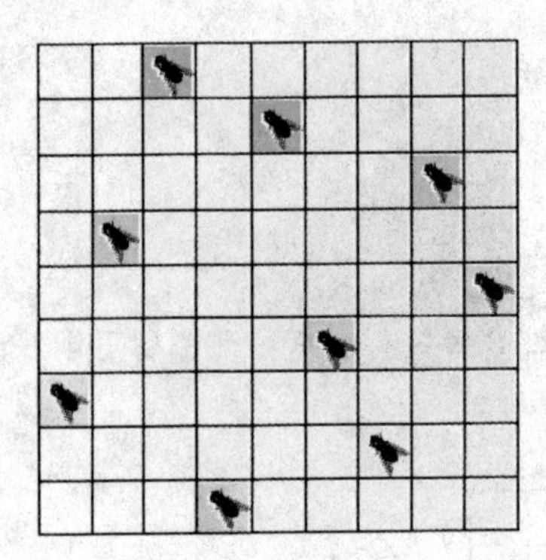

图1-3

过了几分钟，有3只苍蝇改变了位置，爬到空着的方格上去了，剩下的6只苍蝇还在原来的地方。有趣的是，尽管3只苍蝇移动地方，任何两只苍蝇仍然不在同一条直线或者斜线上。

请问：你能说出3只苍蝇移动到什么地方去了吗？

解 如图1-4所示，上面的箭头标出了是哪3只苍蝇移动了，以及移动到哪里去了。

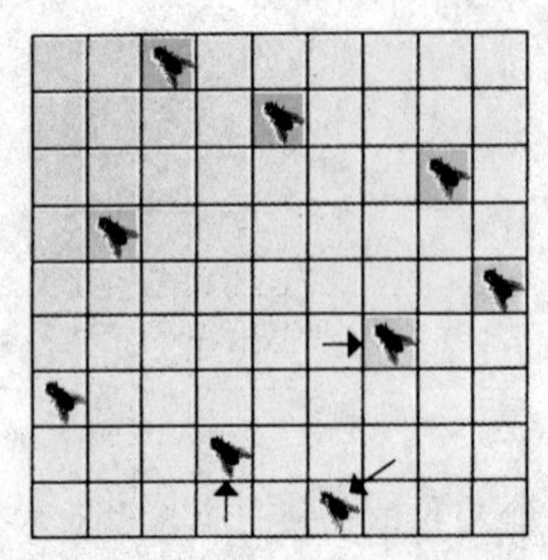

图1-4

1.6 八个数字

题 有1～8这八个数字，排列顺序如图1-5所示。移动位置后，使数字按照由小到大的顺序排列，如果不限制移动的次数，这道题目并不难。但我们的要求是，移动的次数最少。请读者自己算一下，最少的次数是多少呢？

7	5	6
8	3	2
4		1

图1-5

解 最少的次数是23次，移动的顺序是：1、2、6、5、3、1、2、6、5、3、1、2、4、8、7、1、2、4、8、7、4、5、6。

1.7 小松鼠和小白兔

题 在图1-6中，有8个编了号的木桩，在1号和3号木桩上坐着小白兔，在6号和8号木桩上坐着小松鼠。不过，小白兔和小松鼠都不满意现在的位置，它们想坐到对方的位置上去，也就是说，小白兔到小松鼠的位置上，小松鼠到小白兔的位置上。有线相连的木桩之间可以跳跃，没有线相连的不能跳。请问：如何在最小的跳跃次数下，达到换位置的目的（提示：不可能少于16次）？

记住下面的两条规则：

第一，只能按照图1-6中用线标出的路线从一个木桩上跳到另一个木桩上，每一个小动物都可以连着跳。

第二，一个木桩上只能坐一只动物，因此只能跳到空的木桩上去。

1-6

下面给出的是最少的移动次数，数字的含义是从哪一个木桩上跳到哪一个木桩上，例如，1-5表示的是从1号木桩上跳到5号木桩上。最少需要跳跃16次，跳跃的顺序是：

1-5	7-1	3-7	8-4
8-4	6-2	1-5	2-8
3-7	5-6	6-2	7-1
4-3	2-8	5-6	4-3

1.8 小别墅

题 图1-7是一个小别墅的平面图，在小小的房间里摆着：办公桌、床、橱柜、书架、钢琴。现在，只有2号房是空的。主人想把钢琴和书架的位置换一下，其它家具位置任意，看起来容易做起来很难，因为每一个房间都非常小，不能同时摆放两件东西。借助于空房间2，我们可以完成这道题。请问：为了达到主人的要求，最少要移动多少次？

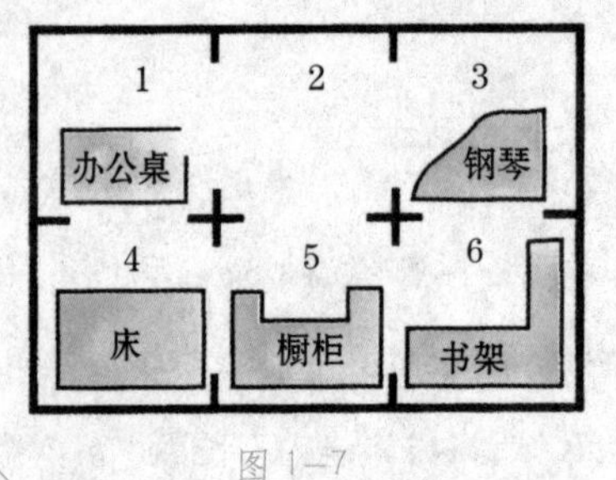

图1-7

解 移动的最少次数是17次，移动的顺序是：钢琴→书架→橱柜→钢琴→办公桌→床→钢琴→橱柜→书架→办公桌→橱柜→钢琴→床→橱柜→办公桌→书架→钢琴。

1.9 三兄弟和三条路

题

彼得、巴维尔、雅科夫是三兄弟，他们每个人有一块地，而且离他们家不远。在图 1-8 中，我们可以看到房子和地的分布情况，会发现地的位置不便于他们耕种，但三兄弟没想过要换地。

每个人在自己的地里耕种，三兄弟去地里最近的路线交叉在一起。不久后，他们发生了争执。为了避免争吵，三兄弟决定找到从自己家去地里的路，但不会跟别人的路交叉。经过一段时间的摸索后，他们三兄弟真的找到了三条这样的路。现在，他们每天都走自己的路去地里，彼此再也没有碰过面。请问：你能找出这三条路吗？

有一个条件：任何一条路都不能绕过彼得家的后面。

图 1-8

解 如图 1-9 所示，这就是三兄弟找到的三条不会交叉的路线。

其中，只有雅科夫不会绕远，彼得和巴维尔都必须要绕远，但三兄弟绝对不会在路上碰面。

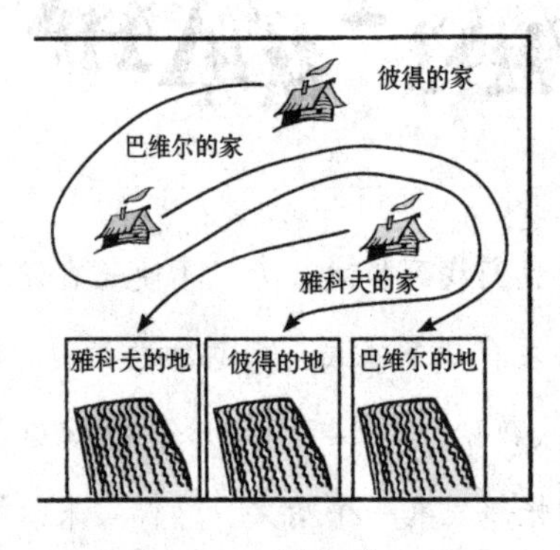

图 1-9

1.10 哨兵的小把戏

有一个古老的问题，它的变形多种多样，下面是其中的一个。

如图 1-10 所示，长官的帐篷由 8 队哨兵守卫，每一队哨兵有一个帐篷。开始的时候，每个帐篷里都有 3 个哨兵，慢慢地，哨兵们开始去别人的帐篷中做客。长官只是检查帐篷里面的人数，如果在做客的时候每排的 3 个帐篷中均有 9 个人的时候，他就会认为所有的人都在。

了解了这一点后，哨兵们找到了瞒过长官的方法。第一天晚上，4 个哨兵走开了，长官没有发现；第二天晚上，6 个人走开了，长官也没有发现。后来，哨兵开始请人来做客：第一次是 4 个人；第二次是 8 个人；第三次是 12 个人。这些把戏都瞒过了长官的眼睛，因为他每次都能在每排的 3 个帐篷中看到 9 个哨兵。

请问：哨兵是怎么做到的呢？

图 1-10

下面的推理可以帮助我们找到答案。为了不使长官发现有 4 名哨兵离开，Ⅰ、Ⅲ排（图 1-11a）必须有 9 个哨兵，哨兵的总数是 24 个，离开 4 个后剩下 20 个，那么，Ⅱ排的人数就是 20 − 18=2 个。也就是说，这一排左边的帐篷里有一个哨兵，右边的帐篷里有一个哨兵。这样一来，Ⅴ列最上面的帐篷里有一个哨兵，最下面的帐篷里也有一个哨兵。这时，四个角的帐篷里，每一个都有4个哨兵。这样，就得到了少四个哨兵的安排（图1-11*b*）。

同理，可以得到少6个哨兵的分布情况（图1-11*c*）。

加入4个客人的分布情况（图1-11*d*）。

加入8个客人的分布情况（图1-11*e*）。

加入12个客人的分布情况（图1-11*f*）。

我们发现，离开的哨兵最多是6个人，而加入的客人不能多于12个人。

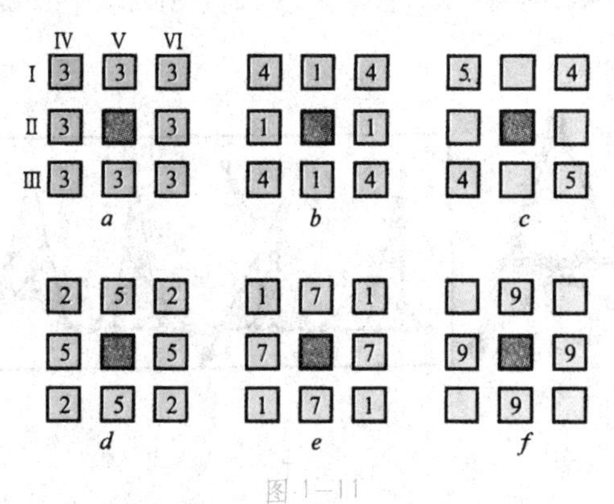

图1—11

1.11 10座城堡

题

在古代，有一个统治者想要建造10座城堡，用城墙连起来。城墙是5条直线，每一条直线上都有4座城堡。

建筑师提出了图1-12的设计方案，但是统治者不满意，原因是：按照这种分布情况，从外面可以攻进任何一座城堡，统治者希望有一两座城堡是被城墙包围起来的，无法从外面之间到达。建筑师觉得，不可能在满足这个要求的时候，还能满足5条直线上的每一条上面都有4座城堡。

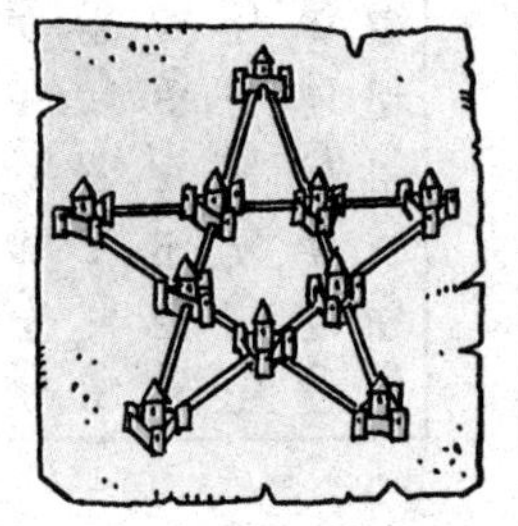

图1—12

但是，统治者坚持自己的想法，说什么也不改变。建筑师花了很长的时间，终于画出了满足统治者要求的设计图。

你是否能找到这样的分布图呢？

解 图1-13的左侧，就是一个两座城堡被包围起来的设计图。这个图完全符合要求，一共有5条直线，每一条直线上都有4座城堡，其中的两座城堡在里面。

图1-13的右侧，是另外四种符合要求的设计方案，只是被包围在里面的是一座城堡（小黑点）。

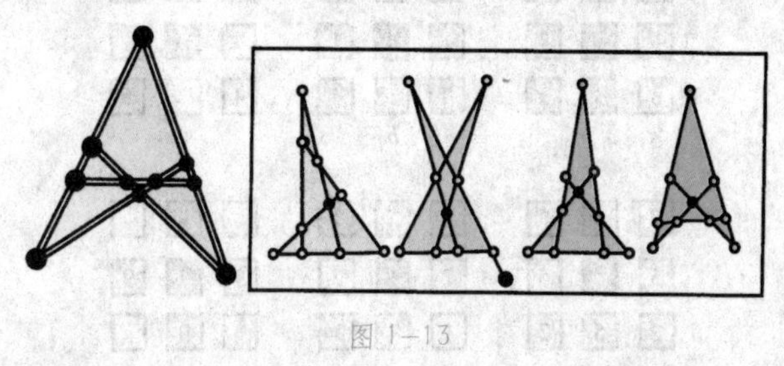

图1-13

1.12 狡猾的伐木工人

题

有一片果园，里面种着49棵树，图1-14是树木的分布情况。园丁觉得树木太多了，他想砍掉一些树，方便种花。于是，他找来了伐木工人，说出了自己的要求：

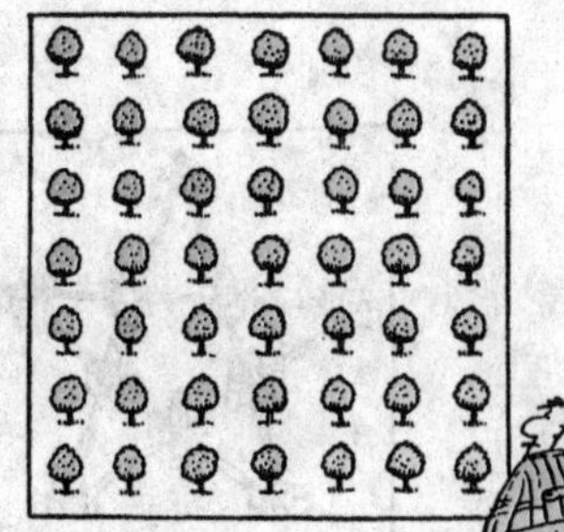

图1-14

"要留下5排树，每一排4棵，其余的全部砍掉，而且砍掉的树木归你们所有。"

等到伐木工人完成任务后，园丁一看愣住了，有39棵树木被砍掉了，只剩下了10棵。于是，园丁对伐木工人大声喊道："你们怎么砍掉了这么多？我说的是要剩下20棵树，而不是10棵啊！”

“不，你没有说留下‘20’棵，只是说5排，每一排有4棵树。你看，我就是按照你的要求做的。”伐木工人不慌不忙地说。

园丁仔细地看了一下，剩下的10棵树的确是5排，而且每一排都有4棵树。他的指令是完成了，只是多砍了10棵树。

请问：伐木工人是怎么实施自己的诡计的？

图1–15所示的是没有被砍掉的树，它们构成了5排，每一排上面都有4棵树。

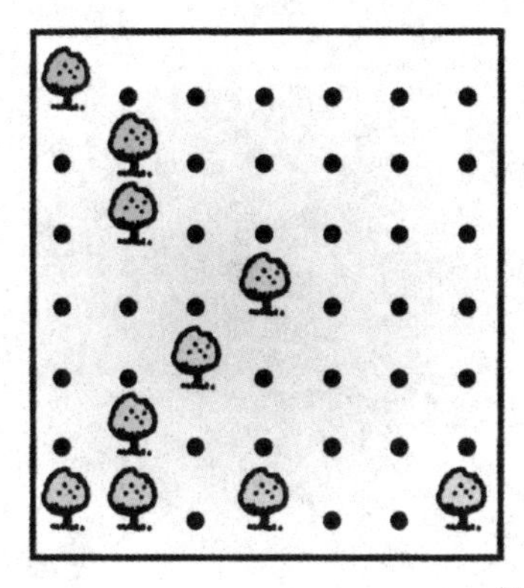
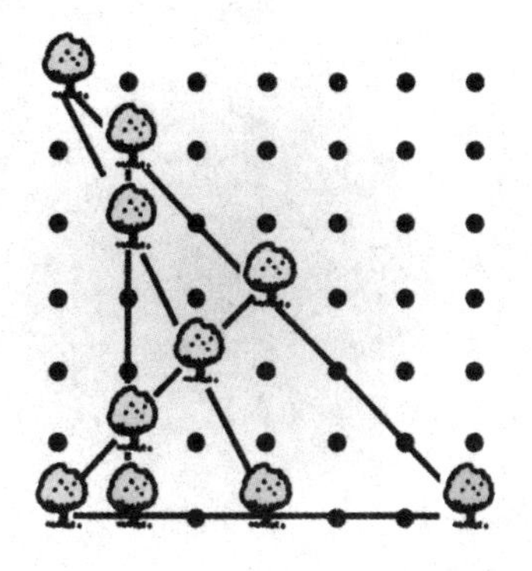

图1–15

1.13 猫和老鼠

题

在图1-16中，13只老鼠围成一个圆圈，其中有一只是白老鼠，其他的是灰老鼠，圆圈的中间是一只猫。猫打算按照一定的顺序来吃掉这些老鼠，每一次都按照顺时针的方向数出第13只老鼠，然后吃掉它。

为了最后吃到白老鼠，猫应该先吃哪一只老鼠？

图1–16

解 猫应该先吃它眼睛盯着的那一只老鼠，也就是按照顺时针方向来数，从白老鼠算起的第 6 只老鼠。

从这一只老鼠开始算起，每次都吃掉顺时针方向的第 13 只老鼠，最后被吃掉的就是白老鼠。

第2章

剪得好还要拼得妙

2.1 剪三刀

题 如图 2-1 所示，剪三刀把它分成七部分，而且每一部分中有一个动物。

解 答案如图 2-2 所示。

图 2–1

图 2–2

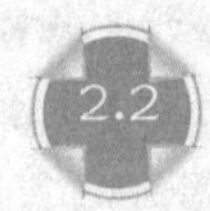

2.2 钟表的表盘

题 图 2-3 是一个钟表，把表盘分成六部分，不要求形状，但各个部分的数字之和相等。这道题不仅在考察读者的灵活性，也在考验读者的思维能力。

解 首先，通过计算可知，表盘上所有数字的和是 78，分成六部分后，每一部分的和是$\frac{78}{6}$，也就是 13。图 2–4 给出了具体的分割方式。

图 2–3

图 2–4

2.3 弯弯的月牙

题 如图 2-5 所示，这是一个弯弯的月牙图形，用两条线把它切割成六部分，要怎么切才可以到达要求？

解 沿着图 2-6 所示的虚线来切割，正好得到六部分，为了便于观察，图上给出了数字标号。

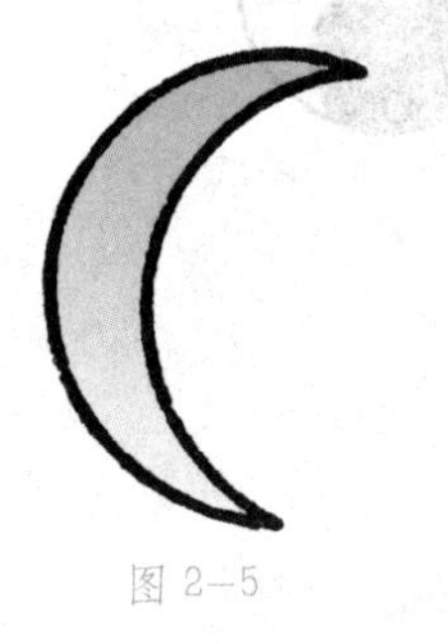

图 2—5

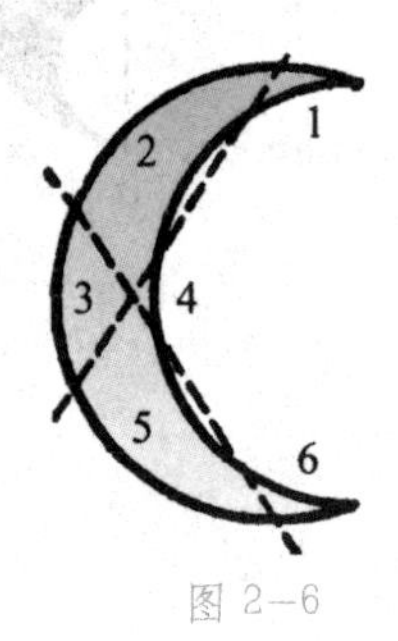

图 2—6

2.4 切割逗号

题 在图 2-7 中，有一个大逗号，它的结构很简单：直线 AB 的右侧是一个比较大的半圆，AC 的左侧是一个比较小的半圆，CB 的右侧也是一个比较小的半圆。

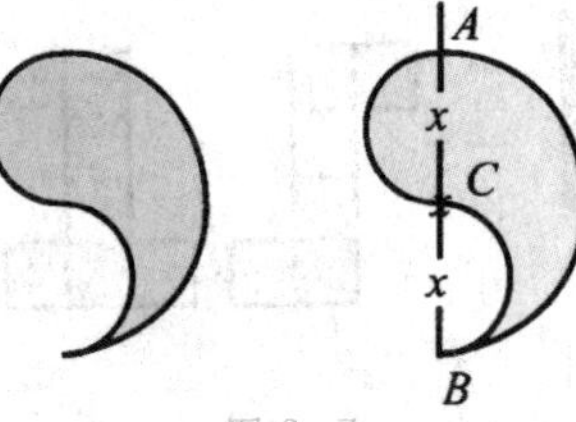

图 2—7

用一条曲线把逗号切割成两部分，而且这两个部分完全相同，请问要如何切割？

有趣的是，两个逗号可以组成一个圆，要怎么组合呢？

解 图 2-8*a* 就是正确的切割方法，而且切出来的两部分完全相同，因为组成两部分的图形相同。

图 2-8*b* 就是用两个逗号组合成的圆。

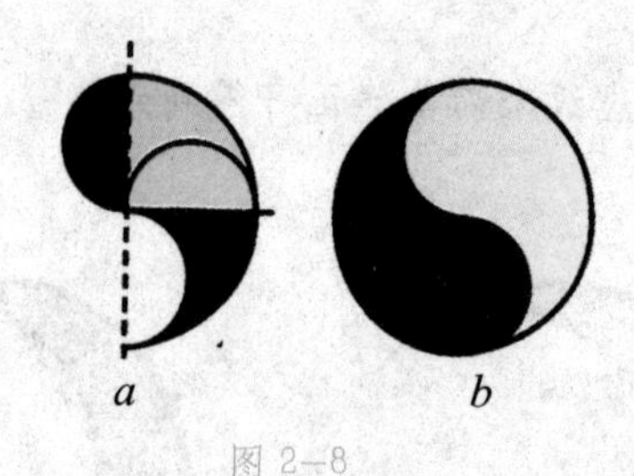

图 2-8

2.5 剪开立方体

题 有一个纸板制成的立方体，沿着边把它剪开后，将会得到 6 个正方形，图 2-9 所示的是正方形的分布情况。

把剪开后的立方体打开，可以得到多少种不同的图形？又用几种方法打开立方体？（提示：后者数目较前者多。）

给读者一个提示，打开后图形的形状不超过 10 种。

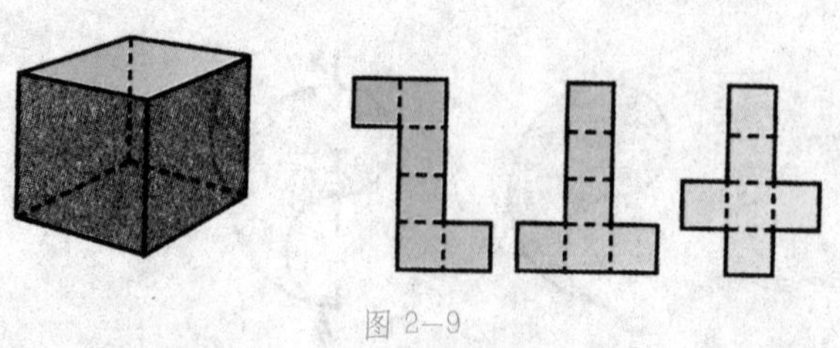
图 2-9

解 图 2-10 是各种打开后的图形，一共是 10 种。

把第一个和第五个图形翻转后，又得到两种打开方式，这样一来，总的打开方式就是 12 种，而不是 10 种。

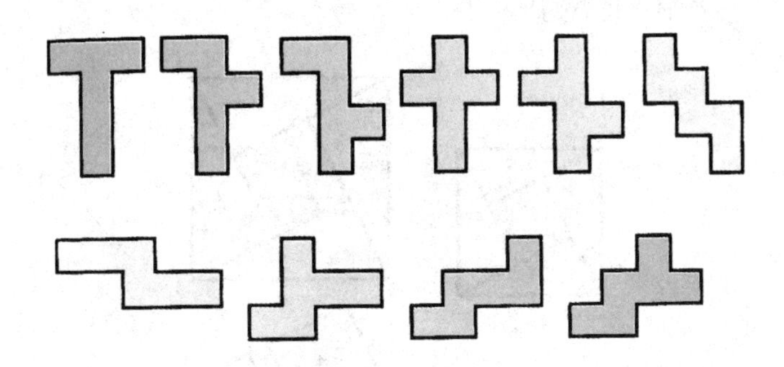

图 2-10

2.6 组合正方形

题 图 2-11a 中是五张纸，你能用它们拼接一个正方形吗？

如果解决了这一个问题，试着用 5 个完全相同的直角三角形组成一个正方形，三角形的一个直角边是另一个直角边的两倍。你可以把其中的一个三角形剪成两部分，但其他的四个三角形不能剪（图 2-11b）。

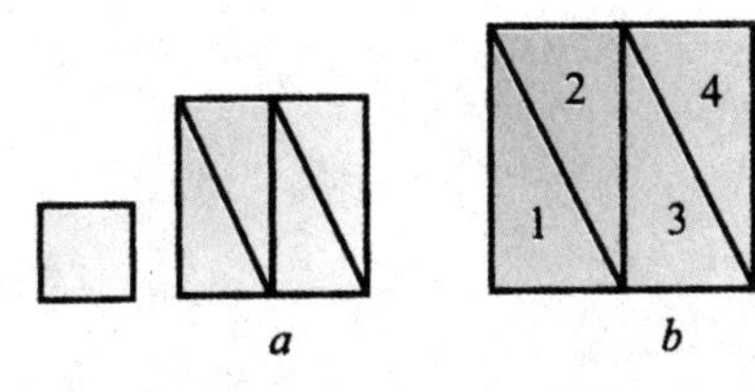

图 2-11

解 图 2-12*a* 给出的是第一个问题的答案。

图 2-12*b* 告诉我们怎么用 5 个直角三角形拼接成一个正方形，下面的图是其中一个三角形被切割的两部分。

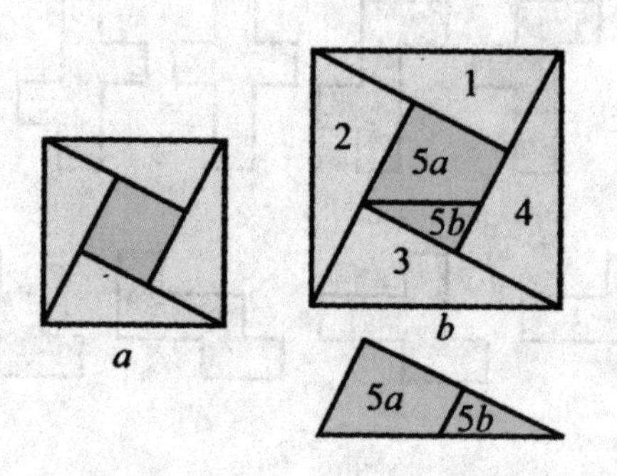

图 2-12

第3章

木匠和裁缝

3.1 木匠

题 有一位木匠检验锯出来的木板是不是正方形的方法是：比较四个边的长度，如果四个边的长度相等，就确定是正方形。

请问：这个检验方法可靠吗？

解 这个方法不完全准确，因为符合要求的不一定是正方形，还可能是菱形。在图3-1中，就是一个例子，四条边相等，但4个角都不是直角，这样的图形就是菱形。

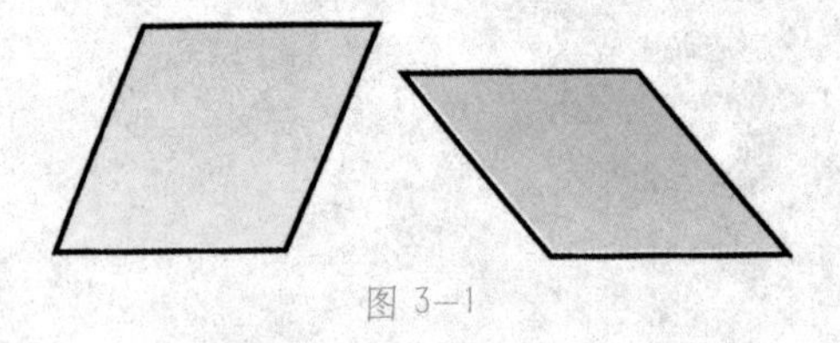

图3-1

3.2 又一个木匠

题 另一个木匠的检验方法是：他测量对角线，如果对角线相等，就认为锯出来的图形是正方形。

请问：这种检验方法正确吗？

解 这个检验方法和上面那个一样不可靠。正方形的对角线当然一样长，但不是所有对角线一样长的四边形都是正方形，图3-2就清楚地告诉我们这一点。

这一种检验方法和前面的结合起来，才是检验正方形的准确方法。也就是说，对角线相等的菱形就是正方形。

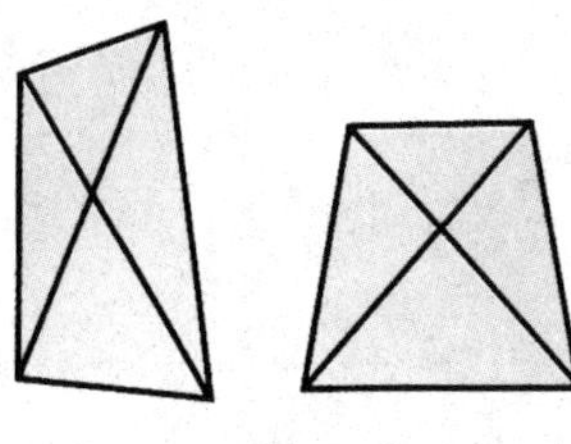

图 3-2

3.3 第三个木匠

题

第三个木匠的检验方法是：如果两条对角线分成的四部分的面积相等（图 3-3），他就认为切割出来的图形是正方形。

请问：这种检验方法可靠吗？

图 3-3

这种方法检验出来的图形一定是直角四边形，但无法保证一定是正方形，因为长方形也符合这个条件（图 3-4）。

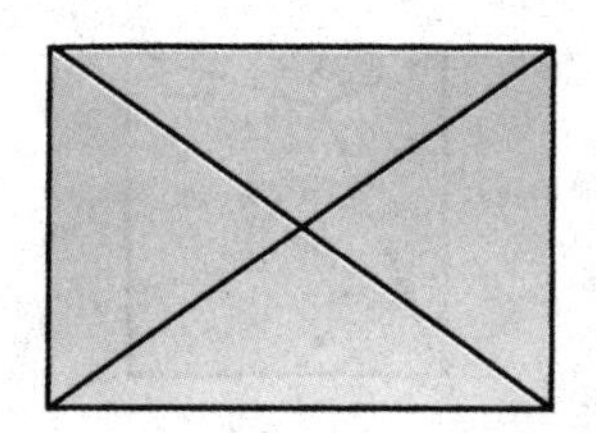

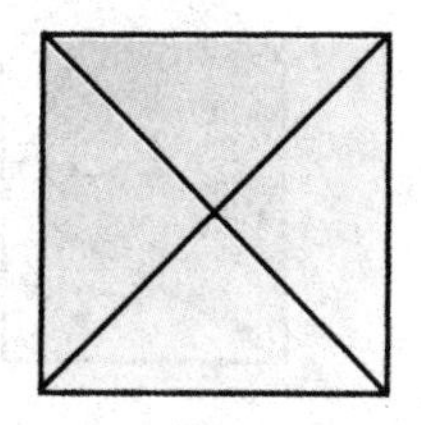

图 3-4

3.4 木匠的疑惑

题

如图 3-5 所示，一个木匠有一个五边形的木板，这个木板是由一个正方形和它上面的三角形构成的。木匠需要在不添加、不减少材料的基础上，把它转换成一个正方形，因此需要先将木板锯成几块。木匠也打算这么做，但他希望锯的次数不超过两次，也就是用两条直线来切割木板。

请问：他的希望能实现吗？如果可以，应该怎么切割？

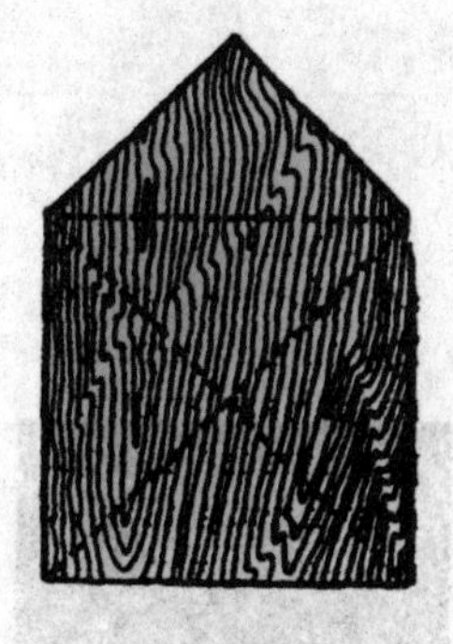

图 3-5

解 如图 3-6 的左图所示，第一条线是从顶点 c 到 de 边的中点，另一条线是从 de 边的中点到左下角的顶点 a，这样就得到三块木板。然后，用三块木板组合成图 3-6 右图的正方形。

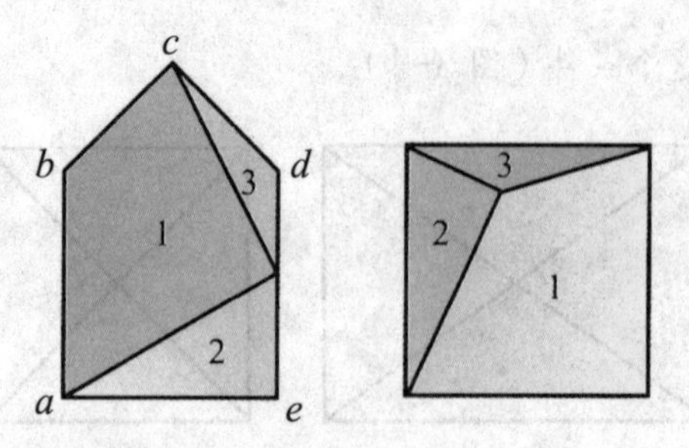

图 3-6

3.5 裁缝

题

裁缝需要把一块布剪成正方形，她剪好后，将布沿着对角线对折，看两部分是否能够重合。她用这种方法来检验剪出来的是不是正方形，如果能够重合，就是正方形，否则就不是。

请问：她的检验方法正确吗？

解 这个检验方法不够准确。虽然正方形对折后两部分肯定重合，但不是能够重合的图形都是正方形。在图 3-7 中，这几个都是四边形，沿着对角线对折后完全重合，但它们都不是正方形。

只能说，这种方法检验出来的图形是对称的。

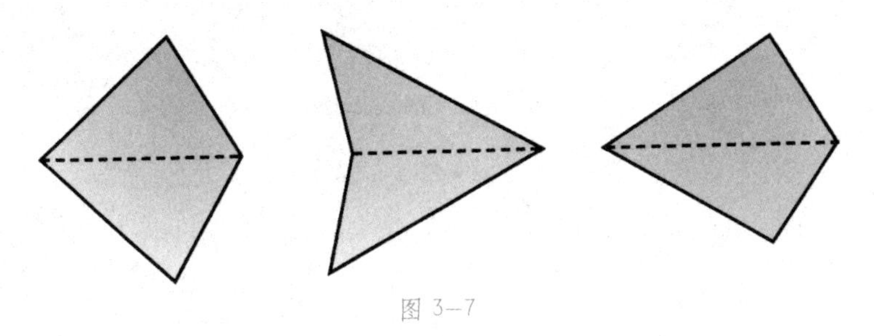

图 3-7

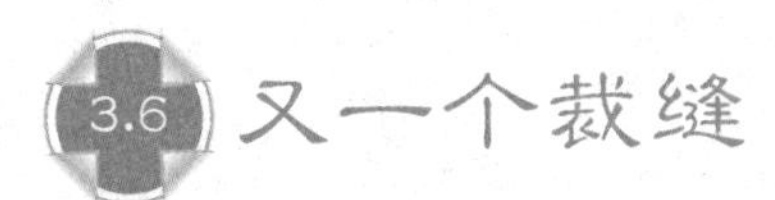

3.6 又一个裁缝

题

另一个裁缝把第一个裁缝的检验方法进行了完善，她沿着一条对角线对折后，再沿着另一条对角线对折，两次都能重合的话，就认为剪出来的是正方形。

请问：她的检验方法可靠吗？

解 这个检验方法也不可靠，因为满足这个条件的图形不只是正方形，还有菱形。图3-8中就是四条边都相等的菱形，沿着对角线对折后，四部分完全重合。

在这个裁缝检验方法的基础上，再测量一下对角线（或者四个角）就可以了。如果两条对角线也一样长（或者四个角都是直角），那么这个图形就是正方形。

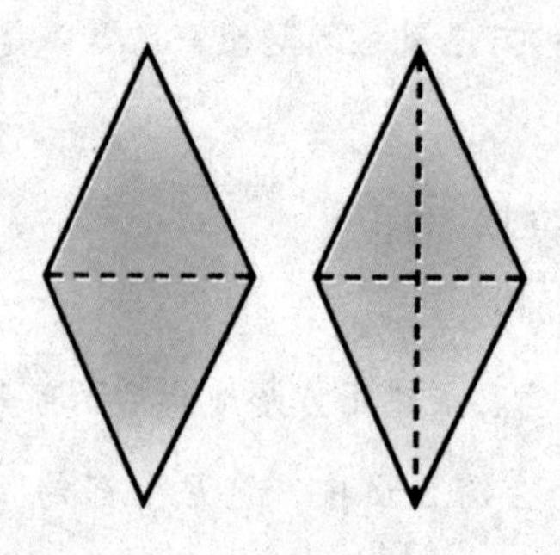

图 3-8

第4章

工作习题

4.1 挖土工人

题 有5个挖土工人，他们能够在5个小时内挖出一条5米长的沟，请问：要想在100个小时内挖出一条100米长的沟，需要多少个挖土工人呢？

解 很容易产生这样的错觉，既然5个挖土工人在5个小时内能够挖出5米长的沟，那么，100个小时内挖出一条100米长的沟需要100个挖土工人。其实，正确的答案是只要5个挖土工人。

实际上，5个挖土工人5个小时挖5米，也就是说，5个挖土工人1个小时能够挖1米，自然100个小时挖100米。

4.2 锯木工人

题 有一个长5米的原木，锯木工人要把它锯成1米长的木条，锯一次需要1.5分钟，请问：锯完这根原木需要多长时间？

解 经常会听到这样的答案，1.5×5=7.5，也就是7.5分钟。这些人忘记了，锯完最后一次后，会得到两段原木。也就是说，要把5米长的原木锯成1米长的木条，只需要锯4次，而不是所谓的5次，所以正确的答案是1.5×4=6分钟。

4.3 粗木工和细木工

有一个木工小组，由6名粗木工和1名细木工组成，粗木工的收入是20元，细木工的收入比全组7个人的平均收入多3元，请问：细木工的收入是多少元？

解 把多出的3元平摊到6名粗木工的身上就可以了，也就是（20＋0.5）元，这就是7个人的平均收入。

所以，细木工人的收入是（20.5＋3）元，也就是23.5元。

4.4 五个链条

如图4-1所示，有五个链条，每一个链条由三个环组成。现在，铁匠想把它们连成一个链条。在工作之前，

铁匠思考了一下，需要先打开几个环，然后再重新锻上。他觉得需要打开并锻上4个环。

请问：可以减少打开铁环的个数吗？

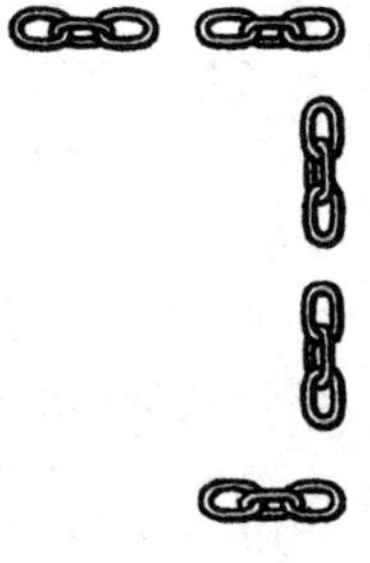

图4—1

解 只要打开一个链条上的三个环就可以了，然后用这三个环把剩下的四个链条连接起来。

4.5 汽车和摩托车

题 有一个修车厂，一个月内修好了40辆车，有汽车也有摩托车，由于修车而生产的轮胎数是100个。请问：汽车和摩托车各有多少辆？（每一次修车需调换车上所有轮胎。）

解 如果40辆都是摩托车，那么，需要的轮胎数量是80，比实际的数量少了20个。用一辆汽车代替一辆摩托车，会多出两个轮胎。因此，为了多出20个轮胎，需要用10辆汽车去代替10辆摩托车。也就是说，一共有10辆汽车，30辆摩托车。

轮胎的总数是：$10\times4+30\times2=100$，正好和题中的条件相符合。

4.6 削土豆皮

题 一共有400个土豆，两个人来削皮，一个削一半第一个人每分钟能削3个土豆，第二个人每分钟削2个，已知第二个人工作的时间比第一个人长25分钟。请问：这两个人各工作了多长时间？

解 在多出的25分钟里，第二个人共削了50个土豆。从400个土豆中减去这50个，剩下的350个土豆是两个人在相同的时间内削完的。两个人一分钟削2+3=5个土豆，用350除以5得到70分钟，也就是说两个人都工作了70分钟。

第一个人的工作是时间是70分钟，第二个人的工作时间是70+25=95分钟。他们削的土豆的数量是：3×70 + 2×95=400，正好和题中的条件相符。

4.7 两个工人

题 两个人用了7天的时间完成了一项工作，第二个人比第一个人晚工作两天。如果要单独完成这个工作，第二个人需要的时间比第一个人短4天。请问：两个人单独完成这项工作各需要多少天？

提示：这是一道纯算数题，解题过程中不需要用到分数。

解 如果两个人各做一半工作，那么，第二个人需要的时间比第一个人少两天（因为单独完成这项工作，第二个人需要的时间比第一个人短4天）。两个人共同工作的时候，第二个人正好晚了两天，也就是说，两个人各做了一半工作，第一个人用了7天的时间，第二个人用了5天的时间。所以，第一个人独自完成这项工作需要14天，而第二个人需要10天。

4.8 两个打字员

题 将一份录入报告的工作交给两个打字员，其中一个有经验，2个小时可以完成任务，另一个需要3个小时才能完成。为了在最短的时间内完成任务，他们需要多长时间？

这道题的解题方法类似于著名的蓄水池问题。那就是：在一个小时内，两个打字员各能完成全部工作的多少，然后把两个分数加起来，用1除以它们的和就可以了。

这是一个传统的方法，你能不能想出一个新的解题方法呢？

解 新的方法是这样的，首先设定一个问题：要怎么分配工作，两个打字员才能同时完成任务？显然，只有这样需要的时间才是最短的。由于有经验的人的打字速度是没有经验的人的1.5倍，也就是说，第一个人的工作量是第二个人的1.5倍的时候，他们才能同时完成任务。由此得出，第一个人要完成报告的$\frac{3}{5}$，第二个人完成$\frac{2}{5}$。

这时，就快求出答案了，只需要求出第一个人完成报告的$\frac{3}{5}$需要的时间。由于完成全部的工作需要2个小时，那么，完成$\frac{3}{5}$需要的时间就是$2\times\frac{3}{5}=\frac{6}{5}$小时。在这段时间内，第二个打字员也能完成自己的工作。

所以，两个打字员完成报告需要的最短的时间是1小时12分钟。

4.9 面粉的重量

题 商店里要称量5袋面粉的重量，虽然有磅秤，但缺少几个秤砣，不能称量50～100千克之间的重量。但是，每袋面粉的重量都在50～65千克之间。

店主没有慌张，他把两袋面粉放到一起称量，5袋面粉一共可以分成10组，因此得到了10个数字，如下：

110千克，112千克，113千克，114千克，115千克，116千克，117千克，118千克，120千克，121千克。

请问：5袋面粉各重多少千克？

解 先把10个数字加在一起，得到的数字总和是1156，这是5袋面粉总重量的4倍，因为每袋面粉都被称量了4次。然后用1156除以4，得到的结果是289，这就是5袋面粉的总重量。

为了方便区分各袋面粉，我们给它们编上号，从轻到重依次是1号、2号、3号等。不难看出，在上面的10个数字中，第一个数字110是1号和2号的重量之和，第二个数字112是1号和3号的重量之和，最后一个数字121是4号和5号的重量之和，倒数第二个数字120是3号和5号的重量之和。所以，可以写成：

1号＋2号=110千克；

1号＋3号=112千克；

3号＋5号=120千克；

4号＋5号=121千克。

显然，1号、2号、4号、5号的重量之和是：110＋121=231千克。用总重量289减去这个数字就是3号面粉的重量，也就是58千克。

用1号和3号的总重量112千克减去3号的重量，得到1号的重量是：112－58=54千克。

同理，可以得到5号的重量是：120－58=62千克；2号的重量是：110－54=56千克。

最后，用4号和5号的总重量121千克减去5号的重量，得到4号的重量是：121－62=59千克。

所以，5袋面粉的重量分别是：

54千克，56千克，58千克，59千克，62千克。

没有使用方程，我们就解出了这道题。

第5章

买卖问题

5.1 买柠檬

已知三打柠檬的价格正好等于16元所买到的柠檬的个数，请问：一打柠檬多少钱？

根据题中的条件可以知道，36个柠檬的价钱，相当于16元买到的柠檬的数量。36个柠檬的总价是：

$$36\times（柠檬单价）$$

16元买到的柠檬的数量是：

$$\frac{16}{柠檬单价}$$

所以：

$$36\times（柠檬单价）=\frac{16}{柠檬单价}$$

把上面的式子变形为：

$$36\times（柠檬单价）\times（柠檬单价）=16$$

$$（柠檬单价）\times（柠檬单价）=\frac{16}{36}$$

所以，柠檬的单价是$\frac{4}{6}$元，也就是$\frac{2}{3}$元，一打柠檬的价钱是$12\times\frac{2}{3}=18$元。

5.2 斗篷、帽子和球鞋

有个人买了一件斗篷、一顶帽子和一双球鞋，一共花了140元。已知斗篷比帽子贵90元，斗篷和帽子加起来比球鞋贵120元。请问：每件东西各多少钱？

注意：这道题要求用心算，不能使用方程式。

解 如果买的不是斗篷、帽子、球鞋，而是两双球鞋，那么，所花的钱比140元少，少的钱数就是帽子和斗篷多出来的数，也就是120元。因此，两双球鞋的价格是140－120=20元，一双就是10元。

这样一来，帽子和斗篷一共花了140－10=130元。题中的条件是斗篷比帽子贵90元，按照上面的思路思考，如果买的不是斗篷和帽子，而是两顶帽子，那么，花的钱就不是130元，而是比它少90元。所以，两顶帽子的价格是130－90=40元，一顶帽子就是20元。

由此可知，一件斗篷110元，一顶帽子20元，一双球鞋10元。

5.3 买东西

题 有个人去商店里买东西，钱包里的钱大约是15元，有1元的钞票和两角的硬币。回到家里后，发现剩下的钱数是出门前的$\frac{1}{3}$，而且剩下的1元钞票的数量和原来的两角硬币数相同，剩下的两角硬币的数量和原来的1元钞票的数量相同。请问：这个人买东西一共花了多少钱？

解 设没买东西的时候，1元钞票的数量是x，两角硬币的数量是y。所以，钱包里的钱数是：

$$(100x+20y)\text{分}$$

买完东西后，剩下的钱数是：

$$(100y+20x)\text{分}$$

根据题意可知，前面的钱数是后面钱数的3倍，所以：

$$(100x+20y)=3(100y+20x)$$

化简后得到：

$$x=7y$$

当 y=1 的时候，x 的值是 7，这时买东西之前的钱数是 7 元 2 角，跟题意的 15 元左右不符。

当 y=2 的时候，x 的值是 14，买东西之前的钱数是 14 元 4 角，符合题意。

当 y=3 的时候，x 的值是 21，总的钱数是 21 元 6 角，太多了。

这样一来，符合答案的就是 14 元 4 角。买完东西后，剩下 2 张 1 元的钞票，还有 14 枚两角的硬币，总钱数是 200 + 280=480 分，正好是买东西前 1440 分的 $\frac{1}{3}$。

所以，花掉的钱数是 1440 − 480=960 分，也就是 9 元 6 角。

买水果

题

小明买了 100 个不同种类的水果，一共花了 5 元钱。各种水果的价格是：西瓜 5 角 / 个，苹果 1 角 / 个，李子 0.1 角 / 个。请问：每种水果小明各买了多少个？

解 这道题看起来很复杂，但只有一个正确的答案，如下：

	个数	价钱
西瓜	1	5 角
苹果	39	3 元 9 角
李子	60	6 角
总计	100	5 元

5.5 价格的变化

题

商品的价格上涨了10%，然后又下降了10%，那么，商品的价格是涨价前比较低，还是降价后比较低？

解 乍看之下，变化前后的价格相同，其实并不是这样的。上涨10%后，商品的价格是110%；再下降10%后，商品的价格是：

$$1.1\times0.9=0.99$$

也就是说，变化后的价格是变化前的99%，因此比原来降低了1%。

5.6 成桶的酒

题

如图5-1所示，商店里有6桶酒，每桶上面有酒的重量。第一天有两个顾客来买酒，第一个人买了2桶，第二个人买了3桶，已知第二个人买的酒的重量是第一个人的两倍。这样，只剩下一桶酒。请问：剩下的是哪一桶酒？

图5–1

解 如果第一个客人买的两桶酒是15升和18升的，第二个客人买的三桶酒是16升、19升和31升，那么：

$$15+18=33$$

$$16+19+31=66$$

第二个人买的酒的重量正好是第一个人的两倍。

剩下的一桶酒是20升的。

只有这一个答案是符合题意的，其他的都不能满足题中的条件。

5.7 卖鸡蛋

题 这是一道古老的题，看起来有些荒谬，因为里面提到了卖半个鸡蛋，但从理论上来说，这是一道可以解决的题。

一个农妇去集市上卖鸡蛋，第一个顾客买了全部鸡蛋的一半加$\frac{1}{2}$个，第二个顾客买了剩余鸡蛋的一半加$\frac{1}{2}$个，第三个顾客买了一个鸡蛋。这时，农妇的鸡蛋全部卖完了。请问：这个农妇一共带了多少多个鸡蛋去卖？

解 这道题应该从后面往前推理，第二个顾客买完鸡蛋后，农妇手中还有一个鸡蛋。也就是说，第一个顾客买完鸡蛋后，剩下的鸡蛋的一半是一个半鸡蛋。所以，第一个顾客买完后，剩下的3个鸡蛋。加上半个鸡蛋，就是农妇原来有的鸡蛋的数量的一半。这样一来，农妇一共带了7个鸡蛋去卖。

我们检验一下：

$$7\div2=3.5 \qquad 3.5+0.5=4 \qquad 7-4=3$$

$$3\div2=1.5 \qquad 1.5+0.5=2 \qquad 3-2=1$$

检验之后得知，我们的推理完全符合题中的条件。

5.8 怪题巧解

题

俄国的诗人别涅季克托夫不仅是一个文学家，更是第一本俄语数学难题集的作者。这本集子没有出版，只是以手稿的形式保留下来了，一直到1924年，人们才发现了这本手稿。下面这道题就出自这部手稿，曾经以小说的形式存在，它的题目是“巧解怪题”。

一个老婆婆有90个鸡蛋，她让三个女儿去集市上卖，给了大女儿10个鸡蛋，二女儿30个，三女儿50个，并且对她们说：

“你们事先商量好要卖的价格，且坚持按着这个价格来卖。我希望大女儿在遵守共同价格前提下，使用自己的聪明才智，把10个鸡蛋卖的价钱和二女儿30个鸡蛋卖的价钱相等，而二女子30个鸡蛋卖的价钱和三女儿50个鸡蛋卖的价钱相等。也就是说，你们三个人卖鸡蛋的收入是相同的。而且，卖10个鸡蛋的钱数不能少于10分钱，90个鸡蛋的收入不能低于90分钱。”

就此中断手稿中的故事，请大家思考一下，三个女儿怎么做才能满足母亲的要求。

解 我们把这个故事继续说完。

由于问题比较难解决，在去集市的路上，三个女儿商量了一下，决定听大女儿的。于是，大女儿思考了一下说：

“我们以7个为单位来卖，而不是10个。设定好价格后大家都要遵守，就像母亲说的那样。记住，开始时的7个鸡蛋一定要买相同的价格，可以吗？”

“太便宜了吧。”二女儿说。

“要知道，”大女儿说，“卖完7个后可以把价钱涨上去。我计算过了，如果集市上只有我们卖鸡蛋，数量少的时候价格自然要涨上去，我们可以用剩下的鸡蛋弥补差额。”

“剩下的鸡蛋怎么卖呢？”小女儿问道。

“9分钱一个，不能讨价还价，只有非常想买的人才卖给他。”大女儿说。

“太贵了。”二女儿又说话了。

“不会。”大女儿说，“开始时，我们每个人的7个鸡蛋都卖得很便宜，剩下的可以贵一些。”

就这样，另外两个女儿同意了。

她们到了集市后，各自找了个位置卖鸡蛋。开始时卖得很便宜，小女儿的50个鸡蛋被一抢而空，她卖了7次7个鸡蛋，得到了21分钱，还剩下最后一个鸡蛋；二女儿卖了4次7个鸡蛋，卖了12分钱，还剩下两个鸡蛋；大女儿卖了7个鸡蛋，收入是3分钱，剩下了3个鸡蛋。

这时，一个厨娘来到集市上买鸡蛋，主人要求她买的鸡蛋的个数不能少于10个，因为有客人来做客，他们非常喜欢吃鸡蛋。厨娘在集市上转了很长时间，就剩下三个卖鸡蛋的姑娘了，第一个人有1个鸡蛋，第二个有2个鸡蛋，第三个人有3个鸡蛋。

厨娘先去了有3个鸡蛋的摊子，问道：“这3个鸡蛋一共多少钱？”

“一个鸡蛋9分钱。”大女儿回答。

“你疯了，怎么可能这么贵？”厨娘惊讶地说。

“你愿意买就买，不能便宜的。”她说。

然后，厨娘去了二女儿的摊子，问怎么卖。

“每个鸡蛋9分钱。”二女儿回答。

接着，厨娘去了三女儿那里，她的回答也一样。

最后，厨娘只得以高价买下了所有的鸡蛋。

她给了大女儿27分钱，买了3个鸡蛋，大女儿的收入一共是30分钱；给了二女儿18分钱，买了2个鸡蛋，二女儿的总收入30分钱；小女儿从厨娘那里得到了9分钱，再加上原来卖鸡蛋的钱，也是30分。

女儿们回到家后，每个人都把卖鸡蛋得到的30分钱交给母亲，并向母亲说明了定价的规则，以及遵守共同价格的做法，虽然卖的鸡蛋的数量不同，但收入是一样的。

母亲很满意女儿们的做法，而且完成了她的要求，一共卖了90分钱。

读者可能会好奇，别涅季克托夫这本未出版的难题集是一本什么样的书呢？其实，这本书没有名字，只是在序言中对这本书做了一些简单的介绍。

“算数”是一种活动和游戏，非常的有趣，许多“戏法”都是在算数的基础上实现的。借助于扑克牌，让它参与到数学的计算中，这样就产生了一些戏法。有些小习题，需要用到庞大的数字来解题，这激起了某些人的兴趣，引发了他们对数字的好奇心。我们将这些归于算数的补充部分，要解决这些问题就需要有灵活的头脑。虽然这些习题看起来有些奇怪，甚至和常识相违背，但它们是可以解决的，就像上面列举的那道习题。有时候，算数在实际生活中的应用不仅需要算术理论，还需要开发大脑的灵活性，建立在涉猎大小事务的基础上。因此，我们有必要研究这些习题。

别涅季克托夫的这本手稿分为20个章节，每一章节都有自己的标题。前面的几个章节是：魔法正方形、猜猜从1～30被选中的数字、猜出暗中安排的数目、暗中选中的数字被发现、猜出被划掉的数字等。接着是一些具有算术性质的扑克牌游戏。之后是会施魔法的统帅和算术军队，这是非常有趣的一章，借助于手指的乘法，以笑话的形式呈现出来。倒数第二章是摆不满64个象棋格的小麦，讲的是发明象棋的人的故事。最后一章是地球上居住过的人口数量，试着计算出人类历史上，自古以来的总的人口数量（《趣味代数学》中有类似的计算）。

第6章

天平和称重

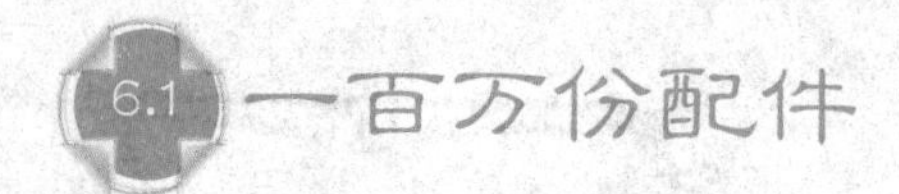

6.1 一百万份配件

题 一个配件的重量是89.4克，那么，100万个这样的配件是多重呢？

解 这道题的计算方法是，用89.4克乘以100万这个数。

计算要分两步来进行，先算出89.4克 ×1 000=89.4千克，因为1千克是1克的1 000倍；然后再计算89.4千克 ×1 000=89.4吨，因为1吨是1千克的1 000倍。由于1 000×1 000=1 000 000=100万，所以完成了上面的计算。

所以，100万个配件的总重量是89.4吨。

6.2 蜂蜜和煤油

题 有一罐蜂蜜，它的重量是500克。同样的罐子，装上煤油后是350克。已知蜂蜜比煤油重一倍，请问：空罐子重多少？

解 由于蜂蜜的重量是煤油重量的两倍，所以重量差500 — 350=150克就是煤油的重量，也就是说，蜂蜜和罐子的重量等于两份煤油和罐子的重量。由此得出罐子的重量是：350 — 150=200克，500 — 200=300克就是蜂蜜的重量，正好是煤油的重量350 — 200=150克的两倍。

6.3 圆木的重量

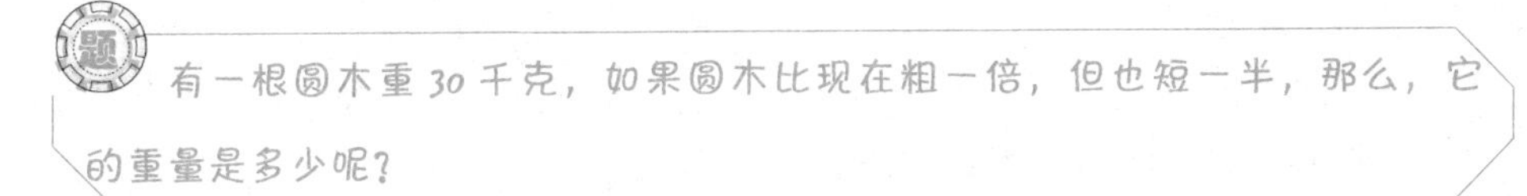
题 有一根圆木重30千克，如果圆木比现在粗一倍，但也短一半，那么，它的重量是多少呢？

解 一般人会认为，圆木粗一倍、短一半后，重量不会发生变化。不过，这种想法是错误的。因为粗一倍后，体积会增加三倍，但长度减少一半后，体积只减少一半。因此，变粗、变短的圆木是原来的圆木质量的两倍，也就是重60千克。

6.4 把天平放到水下

题 在天平的两端，一端放上重是2千克的鹅卵石，另一端放的是2千克重的铁砝码，天平正好保持平衡。如果把这个天平放到水里，它还能保持平衡吗？

解 任何物体放到水里都会变轻，轻的重量等于排出去的水的重量，这就是阿基米德原理，知道了这一点后，我们就可以回答上面的问题了。

同重量的鹅卵石和砝码相比，鹅卵石的体积更大，因为铁的密度比鹅卵石大。也就是说，鹅卵石排出的水的体积比较大。所以，鹅卵石在水中比砝码要轻，因此天平要向砝码这边倾斜。

6.5 十倍制天平[1]

题

在十倍制的天平上，100千克重的铁钉和铁砝码达到了平衡，当天平被水淹没的时候，它的两端还能保持平衡吗?

解 在被水淹没后，实心的铁制的物品会失去$\frac{1}{8}$的重量，所以水下的砝码的重量是原来的$\frac{7}{8}$。铁钉也相同，失去的重量也是原来的$\frac{1}{8}$。所以，天平在水中仍然是平衡的。

6.6 肥皂的重量

题

在天平的一端放上一块肥皂，另一端放着大小是这块肥皂的$\frac{3}{4}$的肥皂和$\frac{3}{4}$千克的砝码，此时天平刚好平衡。请问：整块肥皂的重量是多少呢?

注意：口算出这道题，不要使用纸和笔来计算。

图 6–1

①十倍制天平指的是砝码可以和10倍重的物品取得平衡的天平。

解 $\frac{3}{4}$的肥皂和$\frac{3}{4}$千克砝码的重量等于整块肥皂的重量，而整块肥皂可以分成$\frac{3}{4}$的肥皂和$\frac{1}{4}$的肥皂。也就是说，$\frac{3}{4}$千克砝码的重量和$\frac{1}{4}$的肥皂的重量相等。所以，整块肥皂的重量就是$\frac{3}{4}\times 4=3$千克。

6.7 猫和猫仔的重量

题 如图 6-2 所示，4 只猫加上 3 只猫仔的重量是 15 千克，3 只猫加上 4 只猫仔的重量是 13 千克。如果所有的猫的重量相同，所有的猫仔的重量也相同，那么，每只猫和每只猫仔的重量各是多少呢？

注意：这道题要求使用口算的方法。

图 6–2

解 由于用一只猫仔换了一只猫，所以第二次的重量比第一次少了 2 千克，也就是说，每只猫比猫仔要重 2 千克。如果把第一次称重时的 4 只猫全部换成猫仔，那就有 7 只猫仔，它们的重量不再是 15 千克，而是减少了 2×4=8 千克，所以 7 只猫仔的重量是 15 — 8=7 千克。

由此可以得知，每只猫仔的重量是 1 千克，而每只猫的重量是 3 千克。

6.8 水果的重量

在图6-3中，3个苹果加上1个梨的重量等于10个桃子的重量，6个桃子加上1个苹果的重量和1个梨的重量相同。请问：1个梨的重量相当于多少个桃子的重量？

图 6—3

解 在第一次称重时，用6个桃子加上1个苹果替代1个梨，因为它们的重量相等。此时，天平的一边是4个苹果加上6个桃子，另一边是10个桃子。从而得出，1个桃子的重量等于1个苹果的重量。

显然，1个梨的重量和7个桃子的重量相等。

6.9 杯子和瓶子

题

在图6-4中，我们可以看到，1个瓶子加上1个杯子的重量等于1个罐子的重量，1个瓶子的重量等于1个杯子加上1个盘子的重量，2个罐子的重量等于3个盘子的重量，请问：多少个杯子的重量和1个瓶子的重量相等？

图 6—4

解 这道题可以有多种解法，我们只说其中的一种。

由第一次称重可知，1个瓶子加上1个杯子的重量等于1个罐子的重量，所以在第三次称重的时候，用2个瓶子和2个杯子来代替2个罐子。这时可以得到，2个瓶子和2个杯子的重量等于3个盘子的重量。

在第二次称重的基础上，可以用1个杯子加上1个盘子来代替1个瓶子。从而得出，4个杯子和2个盘子的重量等于3个盘子的重量。

所以，4个杯子的重量等于1个盘子的重量。

通过第二次称重可知，5个杯子的重量等于1个瓶子的重量。

6.10 砝码和铁锤

题 有一份2千克的糖，要把它分成小份的，每一小份是200克。只有一个500克的砝码和一个900克的铁锤可以使用，请问：怎么用这个砝码和这个锤子称出10袋的糖？

解 先把铁锤放到天平的一端，在另一端放上砝码和糖，使天平的两端保持平衡。显然，放上的糖的重量是900－500=400克。再进行三次这样的操作，剩下的糖的重量是2000－（4×400）=400克。

现在，得到了5份400克的糖，只要再把每一份都分成两半就可以了。这时，不用使用砝码和铁锤就能轻松地办到，把400克糖装在两个袋子里，然后把它们放到天平的两端，调整糖的重量，直到天平达到平衡。

6.11 古老的难题

题

毫无疑问，古代统治者交给数学家阿基米德的问题，可以算是一个最古老的难题。

故事是这样的，统治者要求工匠制作一顶王冠，并且交给工匠一定重量的金和银。王冠制作完成后，发现王冠的重量和交给工匠的金、银质量总和相等。但是，有些人告诉统治者，工匠私自藏起来了一些金子，然后用银子来代替。于是，统治者找来数学家阿基米德，让他想办法确定组成王冠的金子和银子的重量。

阿基米德解决这个难题的依据是，金子在水中会失去本身重量的$\frac{1}{20}$，而银子在水中会失去本身重量的$\frac{1}{10}$。

统治者一共给了工匠8千克的金子和2千克的银子，阿基米德在水中称出的王冠的重量是9.25千克。请你根据这些数据，计算出工匠藏了多少金子？

提示：假设王冠是实心的，中间没有任何空隙。

解 如果王冠全部是用金子做成的，那么，它在水外的重量是10千克，在水中会失去自身重量的$\frac{1}{20}$，也就是$\frac{1}{2}$千克。实际上，在水中失去的重量是10－9.25=0.75千克。所以，王冠里面含有银子。实际失去的重量比全是金子时失去的重量多$\frac{1}{4}$千克，如果用1千克银子代替1千克金子，王冠在水中失去的重量会增加$\frac{1}{10}-\frac{1}{20}=\frac{1}{20}$千克。因此，为了达到$\frac{1}{4}$千克，所以要替换的银子的重量是$\frac{1}{4}\div\frac{1}{20}=5$千克。这样一来，王冠就是由5千克金子和5千克银子组成的，而不是国王给工匠的2千克银子和8千克金子，也就是说，工匠藏起来3千克金子，并且用相同质量的银子代替。

第7章

关于钟表的问题

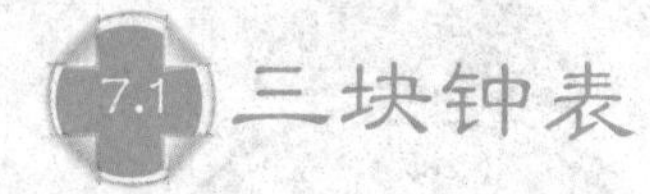

7.1 三块钟表

题

有三块钟表，在1月1日这一天显示的都是正确的时间。不过，只有第一块表是准确的，第二块表走一昼夜要慢一分钟，第三块表走一昼夜会快一分钟。如果三块钟表一直这样走，多长时间后再一次同时显示正确的时间？

解 正确的答案是经过720个昼夜后，三块钟表再次显示相同的时间。在这段时间里，第2块表慢了720分钟，也就是12个小时；而第3块表快了720分钟，同样是12个小时。这时，三块钟表显示的时间和1月1日这天的时间相同，也就是都显示同样的时间。

7.2 钟表和闹钟

题

昨天，我调整了钟表和闹钟的时间，把它们调成了正确的时间。不过，钟表每一个小时会慢2分钟，而闹钟每一个小时会快1分钟。今天，钟表和闹钟同时停了，钟表上显示的时间是7点，而闹钟上显示的时间是8点。请问：昨天我调整钟表和闹钟的时候是几点？

解 由于闹钟一个小时会比钟表快3分钟，所以20个小时会快60分钟，也就是一个小时。但是，在20个小时内，闹钟比正确的时间快20分钟。也就是说，此时正确的时间是7点40分，然后用7点40分减去20个小时，得到的是11点40分，这就是昨天调整钟表和闹钟的时间。

7.3 奇怪的回答

“要去哪儿呢？”

“赶6点的火车。多长时间后出发？”

“在50分钟前，超过3点的分钟数是剩下的时间的4倍。”

请问：这个奇怪的回答指的是什么？现在的时间吗？

解 3～6点之间是180分钟，很容易算出多长时间后是6点，也就是180－50=130分钟。然后，把这130分钟分成两部分，一部分是另一部分的4倍，也就是把130分钟分成五部分。这样，26分钟后是6点。

在50分钟前，还有50＋26=76分钟是6点，从3点到此时经过的时间是180－76=104分钟，这个时间是现在的时间距离6点的4倍。这个奇怪的回答指的是现在的时间。

7.4 何时分针和时针会重合？

题 在12点钟的时候，分针和时针会重合。不过，大家应该注意到了，在其他的时刻分针和时针也会重合。那么，两个指针在一天内会重合多少次呢？你能说出所有重合的时间吗？

解 假设此时正好是12点，由于分针移动的速度是时针的12倍（分针转一圈是1个小时，而时针转一圈是12个小时），在接下来的一个小时内，分针和时针肯定不会重合。一个小时后，分针转完了一圈，指向数字12；时针指向数字1，走完了一圈的$\frac{1}{12}$，也比分针快了一圈的$\frac{1}{12}$。此后，时针转动得比较慢，但它在分针的前面，所以分针一定会赶上时针。假设时针和分针的追赶是一个小时，那么，在这段时间里，分针转动了一圈，时针转动了$\frac{1}{12}$圈，分针比时针多走了$\frac{11}{12}$圈。为了赶上时针，分针要比它多走$\frac{1}{12}$圈，这正是它们之间的差值。因此，需要的时间不是一个小时，而是$\frac{1}{12} \div \frac{11}{12} = \frac{1}{11}$个小时。也就是说，$\frac{1}{11}$个小时后，分针和时针会重合。

这样一来，一点之后再经过$\frac{60}{11}$分钟两指针重合，此时的时间是1点$\frac{60}{11}$分。

那么，下次重合是什么时候呢？

经过计算得知，也是1小时$\frac{60}{11}$分钟后，这时是2点$\frac{120}{11}$分；再经过1小时$\frac{60}{11}$分钟后，分针和时针还会重合，时间是3点$\frac{180}{11}$分，等等。很容易算出，两指针共重合11次，最后一次是12点。也就是说，最后一次和开始时的时间相同，下面的情况也会重复。

于是，得出所有重合的时间：

第一次重合的时间是1点$\frac{60}{11}$分；

第二次重合的时间是2点$\frac{120}{11}$分；

第三次重合的时间是3点$\frac{180}{11}$分；

第四次重合的时间是4点$\frac{240}{11}$分；

第五次重合的时间是5点$\frac{300}{11}$分；

第六次重合的时间是6点$\frac{360}{11}$分；

第七次重合的时间是7点$\frac{420}{11}$分；

第八次重合的时间是8点$\frac{480}{11}$分；

第九次重合的时间是 9 点$\frac{540}{11}$分；

第十次重合的时间是 10 点$\frac{600}{11}$分；

第十一次重合的时间是 12 点。

7.5 何时分针和时针指向相反的方向

题 在 6 点的时候，分针和时针正好指向相反的方向。那么，在其他的时间里会出现这样的情况吗？

解 这个问题的解答方法类似于前一道题，还是从 12 点开始算起，这时的分针和时针是重合的。只要计算一下，多长时间后分针会超过时针半圈。我们已经知道，一个小时内，分针会超过时针$\frac{11}{12}$圈，因此，超过时针半圈需要的时间是$\frac{1}{2} \div \frac{11}{12} = \frac{6}{11}$，也就是$\frac{6}{11}$个小时。于是，在 12 点之后，经过$\frac{6}{11}$个小时分针和时针指向相反的方向，此时钟表上显示的时间是 12 点$\frac{360}{11}$分。

只要两指针重合后，再经过$\frac{360}{11}$分钟它们就会指向相反的方向。在 12 个小时内，分针和时针会重合 11 次，所以它们指向相反方向的次数也是 11 次。这些时间是：

第一次：12 点＋$\frac{360}{11}$分 =12 点$\frac{360}{11}$分；

第二次：1 点$\frac{60}{11}$分＋$\frac{360}{11}$分 =1 点$\frac{420}{11}$分；

第三次：2 点$\frac{120}{11}$分＋$\frac{360}{11}$分 =2 点$\frac{480}{11}$分；

第四次：3 点$\frac{180}{11}$分＋$\frac{360}{11}$分 =3 点$\frac{540}{11}$分；等等。

我们不再一一列举，请读者自己把剩余的算出来。

7.6 分针和时针分别位于“6”的两侧

题 我看表时发现，两个指针分别位于数字6的两侧，并且到6的距离相等。请问：这是几点呢？

解 这道题和前面的题的解题思路相同，我们还是把时间定在12点开始。如果我们用x表示时针走过的距离，那么，分针走过的距离就是$12x$。假如经过的时间不超过一个小时，分针到一圈终点的距离等于时针从起点走过的距离，也就是$1-12x=x$。

于是得出：$13x=1$，所以$x=\frac{1}{13}$圈。时针走完$\frac{1}{13}$圈需要$\frac{12}{13}$小时，也就是指向12点$\frac{320}{13}$分。分针走过的时间是时针走过时间的12倍，也就是$\frac{12}{13}$圈，到12的距离是$\frac{1}{13}$圈，由于两个指针到数字12的距离相等，所以到6的距离也相等。

我们找到了在12点之后的一个小时内满足题意的时间，在第二个小时内，也会有一个这样的时刻。根据前面的推到公式，我们可以找到这个时间：

$$1-(12x-1)=x$$

由此得出：$13x=2$，所以$x=\frac{2}{13}$圈，这时的时针指向1点$\frac{660}{13}$分。

当第三次满足题中的条件时，时针从12走过了$\frac{3}{13}$圈，也就是2点$\frac{660}{13}$分，等等。满足题中条件的位置一共有11个，在6点后时针和分针会交换位置，时针占据着分针以前的位置，分针跑到时针的地方来。

7.7 什么时间

题 当表盘上分针超过时针的距离等于时针超过数字 12 的距离时，这是什么时间？在一天中，会出现几次这样的时间，还是一天也不出现？

解 我们从 12 点开始寻找，第一个小时里没有这样的时刻，为什么呢？因为时针走的距离是分针走过的$\frac{1}{12}$，所以时针远远落后于分针。无论分针和 12 之间的距离是多少，时针走过的距离都是这个距离的$\frac{1}{12}$，而不是题中所说的$\frac{1}{2}$。这时，时针指向数字 1，分针指向 12，分针落后于时针$\frac{1}{12}$圈。在第二个小时里，是否会出现这样的时间呢？假设存在，时针和 12 之间的距离是 x，那么，分针走过的距离就是 $12x$。减去一圈后，（$12x-1$）应该是 x 的 2 倍，所以 $12x-1=2x$，$x=\frac{1}{10}$圈。也就是说，时针和 12 之间的距离是$\frac{1}{10}$圈，经过了 1 小时 12 分钟；分针和 12 的距离是时针和 12 距离的 2 倍，也就是$\frac{1}{5}$圈，$\frac{60}{5}=12$ 分钟，完全符合题中的要求。

我们找到了一个答案，还有其他的答案吗？我们来分析剩余的情况。

2 点的时候，时针和分针分别指向 2 和 12，根据前面的推理可以得到：

$$12x-2=2x$$

所以 $x=\frac{1}{5}$圈，相应的时间是 2 小时 24 分。

大家可以试着找出剩下的答案，一共有 10 个时间满足题中的要求：

1 时 12 分；2 时 24 分；3 时 36 分；4 时 48 分；6 时；

7 时 12 分；8 时 24 分；9 时 36 分；10 时 48 分；12 时。

乍看之下，你可能会觉得“6 时”和“12 时”这两个答案是错误的。其实，6 点的时候，时针指向数字 6，分针指向 12，与 12 个距离正好是时针的 2 倍。

12点的时候，时针到12的距离是“0”，分针到12的距离是“两倍的0”，这个时间也满足题中的要求。

7.8 反过来

题 这道题和上面的那道题正好相反，什么时候时针超过分针的距离等于分针超过数字12的距离？

解 经过了前面的讨论，这道题对于我们来说就不难了。第一次满足题中条件的时间满足下面的方程：

$$12x-1=\frac{x}{2}$$

解方程得到$x=\frac{2}{23}$圈，也就是12点之后，又经过了$\frac{24}{23}$个小时，也就是1点$\frac{487}{23}$分满足题中的要求。此时，分针位于$\frac{12}{23}$，正好是$\frac{1}{23}$圈。

第二次满足题中条件的时间满足方程式：

$$12x-2=\frac{x}{2}$$

解方程得到$\frac{4}{23}$，时间是2时$\frac{120}{23}$分。

第三次满足题意的时间是3时$\frac{180}{23}$分，等等。

依此类推，可以得出其他的情况。

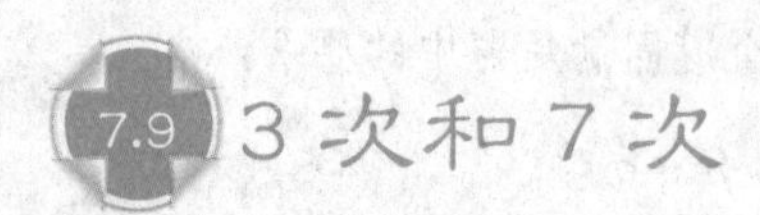

7.9 3次和7次

题 钟敲了3次，这个过程用了3秒的时间，那么，钟敲7次需要多长的时间呢？

注意：这道题不像表面上那么简单，里面有陷阱。

解 大多数人的回答是“7秒”。不过，这个答案是错误的。当钟敲3次的时候，中间有两次间隔：第一次和第二次之间；第二次和第三次之间。两次间隔是3秒，那么，一次就是$\frac{3}{2}$秒。

敲7次的时候，中间有6次间隔，所以需要的时间是$\frac{3}{2}\times6=9$秒。

7.10 手表不均匀的“滴答”声

题

我们做一个小实验：把自己的手表放到桌子上，站在距离桌子三步或者四步的地方，仔细地听手表的“滴答”声。如果房间里非常安静，你就会听到手表不是一直在响，而是“滴答”一段时间后，接下来的几秒没有声响，然后接着向前走……

怎么解释手表不均匀的“滴答”声？

解 手表的“滴答”是由我们听觉的疲劳造成的，当听觉疲劳的时候，就会休息几分钟，也就是我们没有听到手表的“滴答”声的这几分钟。经过短暂的休息后，不再感到疲劳，再次回复了敏锐的听觉，这时我们又会听到手表的“滴答”声。然后，听觉又疲劳了……

第8章

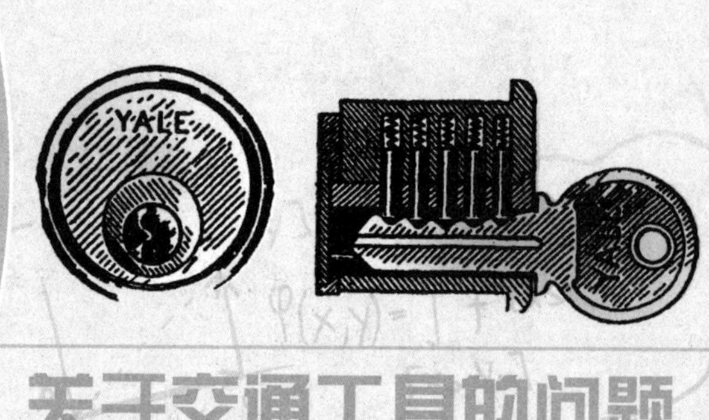

关于交通工具的问题

8.1 飞机的往返飞行

题 有一架飞机从A城飞到B城，一共用了1小时20分钟，但返回去时，却飞行了80分钟。请问：这是什么原因呢？

解 这道题没有什么好解释的，因为80分钟就是1小时20分钟，也就是说，往返的时间是一样的。

这个问题是为粗心的人设计的，他们会觉得1小时20分钟和80分钟有差异。掉入这个陷阱的人并不少，又以经常接触计算的人为主。由于他们习惯了十进制的计算，面对1小时20分钟的时候，很自然就把它换算成120分钟了。这道题就是针对某些人的这种心理设计的。

8.2 两个火车头的火车

题 两个火车头的火车并不少见，一个车头在火车的前面，另一个车头在火车的后面，那么，你考虑过车钩和缓冲器的情况吗？只有前面的车头拉紧车钩的时候，才能够带动车厢，但此时的缓冲器没有相互接触，所以后面的车头并不能推动车厢前进。相反，只有后面的车头推动车厢的时候，缓冲器才会彼此紧挨着，但车钩不能拉紧，因此前面的车头发挥不了作用。

结论就是：两个车头无法同时推动火车的前进，只能是前面的或者后面的发挥作用，既然这样，为什么要安装两个车头呢？

解 这个问题看起来很复杂，其实很容易解释。火车前面的车头拉动的不是整列火车，而是火车的前半部分，剩下的后半部分被火车后面的车头推着。因此，前半段的车钩拉紧，后半段车钩放松，缓冲器彼此紧紧地挨在一起。

火车的行驶速度

题 你坐在火车里，听着窗外车轮的撞击声，你能据此判断出火车行驶的速度吗？

解 坐火车的时候，大家肯定能感受到有节奏的撞击，没有任何缓冲能够阻止这种碰撞。当车轮碰到铁轨的连接处时，碰撞就会产生，而且能传递到整节车厢中。

虽然这些碰撞对车厢和铁轨都不利，但可以利用碰撞推断出火车的行驶速度。数一下在一分钟内发生碰撞的次数，就能知道火车行驶了几条铁轨。然后，用碰撞的次数乘以车轮的长度，就是一分钟内火车行驶的路程。

一般来说，一段铁轨的长度大约是 15 米。借助于手表数一下一分钟内撞击的次数，用这个数乘以 15，然后再乘以 60，最后再除以 1000，这就是火车在一个小时内行驶的路程，也就是火车的速度：

$$\frac{(\text{撞击次数})\times 15\times 16}{1000}=\text{速度（每小时行驶的千米数）}$$

8.4 快车和慢车

题 有两列火车同时从两个车站出发，相向行驶。两列火车相遇后，1个小时后快车到达了终点站，2小时15分钟后慢车也达到了终点。请问：快车的速度是慢车速度的多少倍？

注意：这道题要求使用心算。

解 在两列火车相遇时，快车行驶过的路程除以慢车行驶过的路程等于快车的速度除以慢车的速度。相遇后，快车到终点的距离也就是相遇前慢车行驶过的距离。也可以说，两列火车相遇后，慢车将要行驶的距离除以快车将要行驶的距离等于快车的速度除以慢车的速度。假设快车的速度是慢车速度的x倍，那么，相遇后快车到达终点使用的时间是慢车到达终点时间的$\frac{1}{x^2}$。所以，$x^2=\frac{9}{4}$，$x=\frac{3}{2}$，快车的速度是慢车速度的1.5倍。

8.5 火车的出发

题 大家可能注意到这个问题了，火车在出发前，通常会先后退，然后在前进，这样做的目的是什么呢？

解 火车达到车站停止的时候，车钩是拉紧的。在这种情况下直接拉动车厢，必须使整列火车立刻行驶起来，由于火车非常沉重，所以无法办到。在行驶前将火车头后退，可以松掉车钩，车厢就可以一节一节地前进，火车才可以轻松地行驶起来。

简单来说，火车行驶前司机做的事情和马夫类似，在马车开始跑起来后，车夫才会跳上马车，否则，马的负担就会很重。

8.6 帆船比赛

题

有两艘帆船参加比赛，要在短时间内往返 24 千米。第一艘船以 20 千米/小时的速度行驶完了全程，第二艘船去时的速度是 16 千米/小时，回来时的速度是 24 千米/小时。

结果，第一艘帆船获得了胜利。不过，第二艘船在去时落后于第一艘船，并且落后的距离等于回程时领先的距离，而且两艘船是同时出发的。

那么，第二艘船为什么会落后呢？

解 因为它往返时行驶的时间不相同，并且以 24 千米/小时的速度行驶的时间比较短。返回时花费的时间是$\frac{24}{24}$=1 小时，而去时用的时间是$\frac{24}{16}=\frac{3}{2}$小时，第一艘帆船往返的时间之和是$\frac{24\times2}{20}$=2.4 小时，小于第二艘帆船的 2.5 小时，所以第二艘帆船输了比赛。

8.7 城市之间

题

顺流时，轮船行驶的速度是 20 千米/小时；逆流时，轮船行驶的速度是 15 千米/小时。从 A 城到 B 城是顺流，去时比返回时少用了 5 个小时。请问：两个城市之间的距离是多少呢？

解 顺流时，轮船每三分钟行驶 1 千米；逆流时，轮船每四分钟行驶 1 千米。也就是说，顺流行驶 1 千米比逆流节省 1 分钟，全程节省了 5 个小时，就是 300 分钟，所以两个城市之间的距离是 300 千米。

检验一下是否正确：

$$\frac{300}{15}-\frac{300}{20}=5$$

完全符合题中的已知条件。

第9章

出人意料的计算结果

9.1 一杯豌豆

题

豌豆大家都不陌生，还常常装在杯子中把玩，它们的大小也很清楚。如果用豌豆装满一个杯子，然后用线把杯子中的豌豆一个个穿起来，像项链一样。如果把这些豌豆穿完，需要的线大约是多长呢？

解 如果来猜测这道题的答案，可能会相差很多，我们还是计算一下吧。

豌豆的直径大约是$\frac{1}{2}$厘米，所以1立方厘米的体积可以容纳8枚豌豆（装得密实还能装得更多）。在容量是250立方厘米的杯子里，豌豆的数目不会少于8×250=2 000粒。把它们用线穿起来，线的长度是$\frac{1}{2}$×2 000=1 000厘米，也就是10米。

9.2 水和啤酒

题

有两个瓶子，一个里面装的是1升啤酒，另一个里面装的是1升水。从第一个瓶子里倒一匙勺啤酒，然后放到第二个瓶子里，接着从第二个瓶子里倒出一匙勺混合液体，放到第一个瓶子里。请问：第一个瓶子里面的水多还是第二个瓶子里面的啤酒多？

解 在解题的时候，我们一定要明白，互相倒过两次之后，瓶子里面液体的体积还是原来的体积，没有发生变化，否则很容易出错。假设互换后，第二个瓶子里有n立方厘米的酒，那么，水的体积就是（1 000 − n）立方厘米。那么，

n 立方厘米的水肯定在第一个瓶子里面。所以，第一个瓶子里面的水和第二个瓶子里面的啤酒一样多。

9.3 色子

题

如图 9-1 所示，正方体的色子上面写着 1 ~ 6 这六个数字。彼得和弗拉基米尔打赌说，如果投掷四次色子，一定至少有一次是 1；弗拉基米尔却说，要么没有 1，要么出现一次以上的 1。请问：他们两人谁赢的几率更大？

图 9-1

解 在四次投掷色子的过程中，可能出现的结果是 64=1296 种。如果第一次就投掷出了 1，那么对彼得有利的情况是，后面三次都不出现 1，可能的情况是 53=125 种。如果第二次、第三次或者第四次出现 1，结果也是一样。所以，投掷四次 1 只出现一次的可能性是 125×4=500 种。由此得知，不出现 1 或出现 1 次以上的 1 的情况是 1296 — 500=796 种，这些情况对彼得不利。

通过计算可知，弗拉基米尔赢的几率大一些。

9.4 法国锁

题

1865 年，法国锁就已经举世闻名，但大多数人不知道它的结构。因此，很多人怀疑存在各种各样的法国锁，以及和其相匹配的钥匙。只要了解了这些锁的结构，就能明白它们的各种变化。

如图 9-2 的左侧所示，这是法国锁的正面。顺便说一下，这种锁不是起源

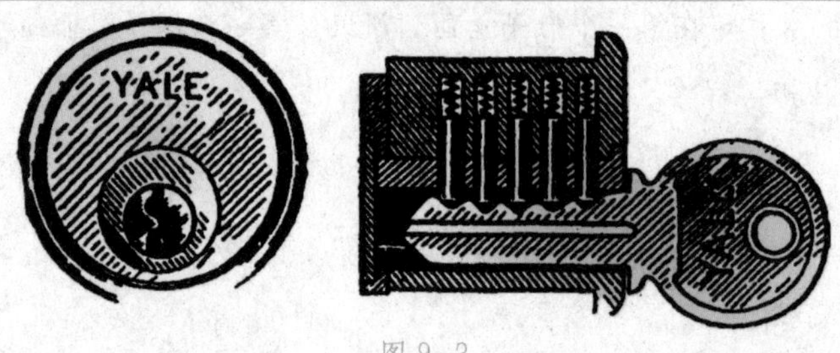

图 9—2

于法国，而是美国，发明人是美国人雅勒，这就是这些锁上标有"YALE"的原因。锁孔的周围有一个小圆圈，锁的中轴要穿过这个孔。开锁的时候要转动这个中轴，锁的精妙之处也在于此。在图 9-2 的右侧，我们可以看到 5 个短轴把这个中轴固定在某一个位置。并且，每一个短轴的轴心都被锯成两个部分，只有轴心的切口和中轴相吻合的时候，才能转动中轴。

在锁孔中插入正确的钥匙，轴心才会处于正确的位置。转动钥匙后，才有可能把锁打开。

现在已经确定了，法国锁的种类的确很多。轴心切割成两半的方式决定了锁的种类，当然方法不是无限的，但仍有许多种。

如果轴心切割成两半的种类是 10 种，请你计算一下，能够制作成多少种法国锁？

解 通过分析后得知，能够制成的法国锁的数目是 $10\times10\times10\times10\times10=100\,000$ 个。

在这 100 000 个锁中，每一个锁都有一个相对应的钥匙，这么多的锁和钥匙，当然可以保证主人的安全，因为捡到钥匙的人，只有 $\frac{1}{100\,000}$ 的可能性打开一个锁。

我们的结果只是其中一个情况，它的基础是用 10 种方法把轴心锯成两段。实际上，方法远远不是 10 种，要比这多得多，所以锁的种类就更多了。到此，我们了解了法国锁比普通锁优越的地方，就普通锁而言，平均每 12 个锁中就有 2 个重复的。

9.5 肖像的个数

如图 9-3 所示，在一张纸上画一个人物肖像，然后把它剪成九条。你还可以在几张纸上画出脸部的不同部位，但相邻的两张纸要能够很好地拼接起来，即使是不同的肖像，也要能够拼出一张完整的脸。现在一共有 36 个纸条，脸上的不同部位是由 4 个纸条[①]组成的，将 9 个纸条摆在一起可以组成不同的肖像。

曾经，在商店里能够买到类似图 9-4 中画好的纸条，直接就可以拼接肖像，售货员告诉顾客，36 个纸条可以拼接出上千种不同的肖像。

请问：售货员的说法正确吗？

图 9—3

图 9—4

解 拼接出来的肖像的种类的确多于 1 000 种，我们来计算一下。每个部分由 4 个纸条组成，将其标号为 1、2、3、4；一共有九个部位，标号为 Ⅰ ~ Ⅸ。

把纸条Ⅰ中的 1 拿出来，它可以和Ⅱ中的 2、3、4 任意组合，这样就得到了 4 种组合。

①将 4 个纸条贴在长方体的四个面上，更直观也更方便。

由于第一部分是由4张纸条组成的，它们中的每一个都可以和第Ⅱ部分中的4个纸条相组合，这样一来，前两部分就可以组合成4×4=16种。

在上面的16种组合中，任意一种都可以和第Ⅲ部分的4个纸条相组合。于是，前三个部分的组合是16×4=64种。

以此推理，前四部分的组合种类是64×4=256种；前五部分的组合种类是256×4=1 024种；前六部分的种类是1 024×4=4 096种，等等。所以，九部分可以组合成4×4×4×4×4×4×4×4×4=262 144种。

因此，36个纸条可以组成的肖像的个数不是上千个，而是20多万个。

这道习题也解释了这种现象，为什么很少见到长得一样的两个人。在莫诺马赫的《训诫》中，他感到非常疑惑，为什么人们的脸庞是各不相同的呢？现在，我们已经验证了，如果人的脸部是由9部分组成的，每一部分有4种特征，那么，就会有26万种不同的面孔。实际上，人脸的组成部分多于9，而每一部分的特征也远远超过4种，这样一来，不同的面孔就更多了。假设人的脸由20个部分组成，每个部分有10个特征，那么，不同面孔的个数是：10×10×10×10……（20个10相乘），也就是10^{20}，100 000 000 000 000 000 000种。

这是一个庞大的数字，比地球上人口的总数还要多得多。

9.6 椴树叶

题 有一棵老椴树，如果把树上的叶子全部揪下来，然后没有空隙地排成一排，这些树叶可以排出的长度是多少呢？能不能把一栋房子包围起来呢？

解 其实，这些树叶不仅能够包围一栋房子，还可以包围一座普通的城市，因为这一排的长度大约是12千米。实际上，一棵老树上树叶的数目是20～30

万之间。假设老椴树有25万片树叶，每片树叶的宽度是5厘米，那么，排列起来的长度就是1 250 000厘米，也就是12.5千米。

9.7 100万步的长度

题 也许你对100万这个数字不陌生，你也知道自己迈一步的长度，但是，你知道100万步是多长吗？如果和10千米相比较，哪一个更长呢？

解 100万步的距离不仅长于10千米，还长于100千米。如果一步的长度是$\frac{3}{4}$米，那么，100万步的长度就是750千米。从莫斯科到圣彼得堡的距离是640千米，比100万步的长度还要短一些。

9.8 1立方毫米的叠加

题 在一所中学里，老师问同学们这样一个问题：有一个1立方米的立方体，它是由无数个体积是1立方毫米的小立方体组成的，如果把这些小立方体叠加起来，可以垒成多高的柱子？

“比埃菲尔铁塔（大约是300米）还要高！”一个学生喊道。

“比勃朗峰还高！”另一个学生说。

请问：两个学生的答案哪个正确？

解 两个答案都不正确，因为柱子的高度远远超过了人们的想象，比世界上最高的山还要高100多倍。我们来算一下，1立方米=1 000毫米 ×1 000毫米

×1 000毫米，也就是10亿立方毫米。将10亿个小立方体叠在一起，组成的高度就是10亿毫米，也就是1 000千米。

9.9 两个人谁数的多？

题 两个人站在人行道上，用了两个小时来数在他们面前经过的行人。其中，一个人站在自己的家门口数，另一个人不停地在人行道上行走着数。请问：他们两个人谁数的比较多？

解 两个人数的行人的数量一样多。尽管站在门口的人可以数到两个方向的行人，但是，在人行道上来回行走的人，可以看到行人两次。

第10章

不容易办到的事

10.1 合同和官司

题

在古希腊时期，有这样一个故事：诡辩家普罗泰戈拉收了一个年轻的学生欧提勒士，教给他有关于法庭的辩论之术。两个人之间的合同是这样的，学生打赢了第一场官司之后，才会付学费给老师。

欧提勒士学完了全部的课程之后，他并不急着去打官司，但他的老师普罗泰戈拉着急了，因为欧提勒士不去打官司，普罗泰戈拉就收不到学费。于是，为了得到学费，普罗泰戈拉把自己的学生欧提勒士告上了法庭。普罗泰戈拉的观点是这样的：如果原告打赢了官司，学生就立刻付钱给他；如果被告打赢了官司，就按照合同的约定来，等到学生打赢了第一场官司之后，就付钱给老师。

但是，欧提勒士认为他的老师打不赢这场官司。他的推理是这样的：如果自己输了要被判付钱，但按照合同的规定，自己输了官司就不用付钱给老师；如果自己赢了官司，法院就会判他不必付钱给老师。

开庭审判的那一天，法官也犯愁了，苦思冥想了好长时间，终于想到了解决的办法，做出了判决。在没有破坏合同的前提下，使老师拿到了应得的学费。

请问：你知道法官是怎么判决的吗？

解 法官的判决是这样的：让老师先放弃起诉，但给他再一次起诉的权力，这样学生在第一场官司中就得胜了。那么，第二场官司老师肯定会赢。

10.2 分配遗产

这是一个古老的题目，是关于财产分配问题的。

一个男子在去世后留下了3500元的遗产，他的妻子和将要出生的孩子一起分配这笔钱。古罗马的法律规定，如果出生的是男孩，母亲就分得儿子的一半；如果出生的是女孩，母亲得到的遗产就是女儿的两倍。请问：如果出生的是龙凤胎，要怎么分配遗产呢？

解 要这样分配：寡妇1 000元，儿子2 000元，女儿500元。这样，完全符合法律的规定，寡妇分得的遗产是儿子的一半，同时也是女儿的两倍。

10.3 平分牛奶

题 一个罐子里有4升牛奶，现在要平分给两个人，有两个罐子可以使用，容积分别是$2\frac{1}{2}$升和$2\frac{1}{2}$升。如何利用这三个罐子把牛奶平分成两份，当然需要在罐子之间倒来倒去，那么，到底要倒多少次？又要怎么倒呢？

解 需要倒七次，具体的做法见下表：

	4升的罐子里的牛奶	$1\frac{1}{2}$升的罐子里的牛奶	$1\frac{1}{2}$升的罐子里的牛奶
第1次倒	$1\frac{1}{2}$	—	$2\frac{1}{2}$
第2次倒	$1\frac{1}{2}$	$1\frac{1}{2}$	1

	4升的罐子里的牛奶	$1\frac{1}{2}$升的罐子里的牛奶	$1\frac{1}{2}$升的罐子里的牛奶
第3次倒	3	—	1
第4次倒	3	1	—
第5次倒	$\frac{1}{2}$	1	$2\frac{1}{2}$
第6次倒	$\frac{1}{2}$	$1\frac{1}{2}$	2
第7次倒	2	—	2

10.4 住宿问题

宾馆里有10间空房，但一下子来了11个客人，他们都要住单间，这可让宾馆的值班人员犯愁了。每一个客人都不愿意让步，想让11个人住在10个房间里，并且每个人都住单间，这根本是不可能做到的。

后来，他终于想到了一个办法。把第一位客人安排在1号房，请求他暂时把第十一位客人留在自己房间里。然后，值班人员去安排其他的客人：

第三位客人住到2号房里；

第四位客人住到3号房里；

第五位客人住到4号房里；

第六位客人住到5号房里；

第七位客人住到6号房里；

第八位客人住到7号房里；

第九位客人住到8号房里；

第十位客人住到9号房里。

现在，只有10号房是空的了，正好把它分给暂时在1号房里的第十一位客人。这样的安排令所有人满意，也出乎我们的意料之外。

请问：你看出什么了吗？

解 问题在于，忘了给第二位客人安排房间，在安顿好第一位和第十一位客人后，就去安排第三位客人了。所以，才能顺利地“解决”这个难题。

10.5 两支蜡烛

题 昨晚工作时突然停电了，因为保险丝断了，我只好把桌子上的两支蜡烛点燃，在修好保险丝之前，我只好在蜡烛下工作。

第二天，我希望计算出昨晚停电的时间。我不知道几点停电的，也不知道几点来电的，还不知道两支蜡烛开始时的长度。只记得，两支蜡烛一样长，但粗细不同。燃烧完粗的蜡烛需要5个小时，细的蜡烛4个小时烧完。而且，两支蜡烛都是第一次使用。剩下的蜡烛头被家人丢了。

“蜡烛头太小了，已经不能再使用了，只好扔了。”家人说。

“那么，你记得蜡烛头的长度吗？”我问。

“它们的长度不一样，一个是另一个的4倍。”家人回答。

就只有这些信息可以利用，希望自己能够算出昨晚停电的时间。

请问：你能够解决这个难题吗？

解 要解决这个问题，就要列一个方程。我们设蜡烛燃烧的时间是x个小时，那么，粗蜡烛每个小时燃烧$\frac{1}{5}$，细蜡烛每个小时燃烧$\frac{1}{4}$。所以，粗蜡烛剩下的长度是（$1-\frac{1}{5}x$），细蜡烛剩下的长度是（$1-\frac{1}{4}x$）。题中的已知条件是，开始时两支蜡烛的长度相等，来电时粗蜡烛的长度是细蜡烛的4倍，所以：

$$1-\frac{1}{5}x=4\left(1-\frac{1}{4}x\right)$$

解方程得到：$x=3\frac{3}{4}$小时。也就是说，蜡烛燃烧的时间是3小时45分钟，这也是停电的时间。

10.6 侦察兵

题 三名侦察兵要渡河，但河上没有桥，他们也不会游泳。正当他们发愁的时候，看到河上有两个小孩在划船，他们愿意帮助侦察兵渡河。不过，小船实在是太小了，只能承受一个侦察兵的重量，即使再加上一个小孩也不行。

看来，只能帮一名侦察兵过河。但是，最后的结果是，三名侦察兵都顺利地到达了河对岸，并且把小船还给了小孩。

请问：侦察兵是怎么做的呢？

解 要往返六次才能够把三个侦察兵全部送到河对岸去。

第一次：两个小男孩先驾着船去对岸，其中一个小孩留在岸边，另一个小孩驾着船回去。

第二次：驾着船回来的小孩留在岸边，一个侦察兵驾船去对岸，然后另一个小男孩驾着船返回。

第三次：两个小男孩再次驾着船去对岸，一个留下，另一个驾船回去。

第四次：第二个侦察兵驾着船去对岸，小男孩驾着船回去。

第五次：和第三次相同。

第六次：第三个侦察兵驾着船去对岸。

然后，把船交给岸边的小孩，两个小孩接着在河上玩耍。就这样，三个侦察兵全部到了河对岸。

10.7 平分母牛

这是一道古老的题，也是一道有趣的题。

某个人有一群母牛，想要分给自己的儿子们。大儿子分到 1 头牛和剩余的 $\frac{1}{7}$；二儿子分到 2 头牛和剩余的 $\frac{1}{7}$；三儿子分到 3 头牛和剩余的 $\frac{1}{7}$，以此类推，直到把所有的牛分给所有的儿子。最后，所有的儿子分到的母牛的数量相同。

请问：这个人有多少个儿子？母牛又是多少呢？

解 这道题不是使用方程来求解，而是用倒序的方法。

由于小儿子是最后分到母牛的，所以他不可能得到剩余的 $\frac{1}{7}$，也就是说，他分到整头牛后，就没有牛了。

倒数第二个儿子得到的牛的数目，等于其他的人得到的牛的数目减去 1 再加上牛群余数的 $\frac{1}{7}$。由此可以推出，小儿子得到的牛的数目是此时牛群数量的 $\frac{6}{7}$。

所以，小儿子得到的牛的数量可以被 6 整除。

我们假设小儿子得到的牛的数量就是 6，再去验证这个假设的正确性。由于几个儿子得到的牛的数量相同，因此，其他的儿子得到的牛的数量也是 6。五儿子分到 5 头牛再加上剩余的 $\frac{1}{7}$，也就是一头牛，一共是 6 头牛。最小的两个儿子分到的牛的总数是 12，这个数等于四儿子分牛时牛群数量的 $\frac{6}{7}$。那么，在分给四儿子牛的时候，牛群的余数是 $12\div\frac{6}{7}=14$，四儿子分到的牛的数量是 $4+\frac{14}{7}=6$。

给三儿子分完牛后，牛群的余数是 $6+6+6=18$，那么，18 就是给三儿子分牛时牛群余数的 $\frac{6}{7}$，所以牛群的余数是 $18\div\frac{6}{7}=21$，三儿子分到的数量

是 $3+\frac{21}{7}=6$。

同理，我们可以求出大儿子和二儿子分到的牛的数目，和上面的答案相同也是6。

这样，我们证明了前面的假设是正确的，这个人一共有6个儿子，牛群的数量是36。

那么，还有其他的答案吗？假设有12个或者18个儿子，而不是6个，通过证明后可以得知，这两个数目是不对的。没有必要再去试其他更大的数字，因为那不符合实际，一个人不可能有24个或者更多的儿子。

10.8 不可思议的1平方米

题 当阿廖沙第一次听说，1平方米是由100万个1平方毫米组成的，他觉得难以置信。

“这怎么可能呢？这个数字太大了。”他吃惊地说，“我正好有一个1立方米的方纸，它里面会包含100万个1立方毫米的小正方形吗？”

“你可以亲自数一数啊！”有些人这样说。

阿廖沙听了别人的建议，准备亲自试验一下，数完所有的小方格。早晨，他早早地起床，很认真地数，数完一个就用笔标记出来。

每一秒钟他可以做一个标记，这个速度已经很快了。

阿廖沙一直不停地数，请问：他一天可以数完全部的小方格吗？

解 不可能，即使他数上一昼夜，最多能够数86 400个小方格，因为24个小时正好是86 400秒。由于一昼夜有86 400秒，如果阿廖沙日夜不停地数，也要数上12个昼夜；或者每天数8个小时，一个月后才能数完100万个小方格。

10.9 100个坚果

题 有100个坚果，把它们分给25个人，要求每个人得到的坚果数都是奇数，请问：要怎么分呢？

解 一般情况下，我们会试着寻找各种组合，但是，我们的努力一定会白费。只要大家仔细想一下就会明白了，这个题目是无解的。

如果25个奇数的和加起来是100，那么，也就是说奇数个奇数相加，能够得到一个偶数，这根本是不可能的。

其实，我们可以将100分成12组偶数和一组奇数，偶数和偶数相加一定是偶数，所以12组偶数的和肯定是偶数，用这个和去加上一个奇数，结果肯定是奇数。因此，25个奇数的和不可能是100。

10.10 如何分才公平

题 有两个人在煮粥，其中一个人放了300克米，另一个人放了200克米。当他们把粥熬好正准备吃的时候，一个行人过来了。于是，他们三个人一起吃粥。行人离开的时候，给了他们50戈比，用来当做粥钱。请问：为了力求公平，这两个人要如何分这笔钱呢？

解 大多数人会认为，放了200克米的那个人应该得到20戈比，相应地放了300克米的那个人就应该得到300戈比。不过，这个想法是不对的。

应该这样推理才正确：两份粥是由三个人吃的，而50戈比是一个人的饭钱，那么，两份粥的总价值就是150戈比。这样一来，100克米的价值就是30戈比，放了200克米的那个人相当于支付了60戈比，他自己吃掉了50戈比，所以还可以得到10戈比。

同理，放了300克米的那个人相当于拿出了90戈比，他吃掉了50戈比，应该得到40戈比。

所以，其中一个人应该分得10戈比，另一个人分得40戈比。

10.11 分苹果

题

现在有9个苹果，要把它们平均分给12个学生，每一个苹果最多能被切成4份。这个问题看起来有点难，其实只要熟悉分数，就可以轻松地解决这个问题。

我们来看另一个类似的问题：把7个苹果平均分给12个同学，每个苹果最多切成4块。

解 把9个苹果平均分给12个学生，要这样来分：把其中的6个苹果都分成两半，于是得到了12个半块的苹果。然后，把剩下的3个苹果都分成4份，这就是12个半块苹果的半块，也就是$\frac{1}{4}$块苹果。现在，分给每个学生一个半块的苹果和一个$\frac{1}{4}$块的苹果：

$$\frac{1}{2}+\frac{1}{4}=\frac{3}{4}$$

这样，每个学生都得到了$\frac{3}{4}$个苹果，符合题目的要求，也和$9\div12=\frac{3}{4}$相等。

同理，我们可以把7个苹果平均分给12个学生，而且保证每个苹果最多被分成4份。这时，每个学生分到的苹果的数量是$\frac{7}{12}$，可以写成：

$$\frac{7}{12}=\frac{4}{12}+\frac{3}{12}=\frac{1}{3}+\frac{1}{4}$$

因此，我们把其中的3个苹果都分成4份，剩下的4个苹果都分成3份，这样就得到了12个$\frac{1}{3}$块的苹果和12个$\frac{1}{4}$块的苹果。

这样，就把7个苹果平均分给了12个学生，每个学生得到了一个$\frac{1}{3}$块的苹果和一个$\frac{1}{4}$块的苹果，也就是前面所说的$\frac{7}{12}$个苹果。

10.12 还是分苹果

题 有6个小朋友到米莎家来做客，米莎的父亲想用苹果招待他们，但只有5个苹果了，要怎么办呢？为了让每个小朋友分得的苹果一样多，米莎的父亲肯定要把苹果切开。于是，他决定每个苹果最多只能切成3份。这时，问题就出来了：把5个苹果平均分给6个小朋友，而且每个苹果最多被分成3份。请问：要怎么分呢？

解 5个苹果的分法是：把其中的3个苹果都分成两份，这样就得到了6个半块的苹果；然后再把剩下的2个苹果各分成3份，就是6个$\frac{1}{3}$块的苹果。最后，分好的苹果给小朋友们。

如此一来，每个小朋友都会得到一个半块的苹果和一个$\frac{1}{3}$块的苹果，6个小朋友分到的苹果的数量相同。

这样，就完成了题中的要求，每个苹果最多被分成3份。

10.13 夫妻

题 一对夫妻邀请另外三对夫妻来自己的家里做客，午饭安排座位的时候，不仅要求男女相间，还希望丈夫身边坐的不是自己的妻子。请问：有多少种坐法？

注意：只计算不同的顺序，不考虑顺序相同但坐法不同的情况。

解 先让丈夫做好，然后把妻子安排在他们的身边，一共有6种坐法，而不是12种，因为我们不考虑位置调换的情况。现在，让丈夫坐在座位上不动，把第一位夫人换到2号座位上，第二位夫人换到3号座位上，以此类推。这种做法符合题中的要求，丈夫的身边坐着的人不是自己的妻子。这种坐法也有6种，各位夫人向前移一个位置，就又得到6种坐法。这时，就不能再让夫人调换位置了，否则就会坐到丈夫的身边，只是改变了方向罢了。

所以，就坐方法一共有6＋6=12种。下面，我们用具体地表示一下，罗马数字Ⅰ～Ⅳ代表的是丈夫，阿拉伯数字1～4代表的是夫人，做成下面的表，这样非常地清楚明了。前6种坐法是：

Ⅰ4　Ⅱ1　Ⅲ2　Ⅳ3

Ⅰ3　Ⅱ4　Ⅲ1　Ⅳ2

Ⅰ2　Ⅲ1　Ⅳ3　Ⅱ4

Ⅰ4　Ⅲ2　Ⅳ1　Ⅱ3

Ⅰ3　Ⅳ1　Ⅱ4　Ⅲ2

Ⅰ2　Ⅳ3　Ⅱ1　Ⅲ4

其他的6种坐法类似，只是男女把座位调换一下而已。

第11章

选自《格列佛游记》的题目

在《格列佛游记》中，令人印象深刻的部分是关于格列佛在小人国和巨人国的冒险。在小人国里，所有的动植物、人、东西都非常小巧，宽度、高度和厚度都是我们的$\frac{1}{12}$；在巨人国中，正好和小人国相反，所有的尺寸都是我们的12倍。这不禁让我们疑惑不解，作者为什么偏偏选择12这个数字呢，这里面有什么原因吗？如果我们能想到，《格列佛游记》的作者是英国人，而英国的单位体制英尺是英寸的12倍，这就很容易理解了。$\frac{1}{12}$和12倍和英国的单位体制有着紧密的联系，而且缩小和扩大的比例也不是太多。但是，在小人国和巨人国中，他们的自然环境和生活习惯，跟我们的一切有着天壤之别。这些差距出乎人们的意料之外，也给我们提出了一些复杂的问题，接下来我们选择其中的几个共同讨论一下。

11.1 小人国的动物

题 格列佛在进入小人国的时候，为了把他运进小人国的都城，他们派出了1 500匹最大的马。就算我们知道了格列佛和马匹之间的相对大小，但为了他出动1 500匹马，这是不是太夸张了？

关于小人国的牛和羊，格列佛的说法是，可以轻松地把它们放到口袋中。这种情况是真的吗？

解 在《格列佛游记》的第五章中，讲解的是口粮和饮食的问题，通过计算可以得知，格列佛身体的体积是小人身体体积的1 728倍，体重当然也是他们的1 728倍。当运送格列佛的时候，就相当于运送1 728个小人。这时，我们就能够明白，为什么需要那么多的马了。

图 11-1

同理，小人国中动物的体积也是我们的动物体积的$\frac{1}{1\,728}$，当然体重也是$\frac{1}{1\,728}$。

一般来说，我们的母牛大约高1.5米，体重是400千克左右。那么，小人国的母牛的高度就是12厘米，体重只有$\frac{400}{1\,728}$千克，还不到$\frac{1}{4}$千克。很明显，这么一头袖珍牛完全可以装到我们的口袋中。

格列佛说道："在小人国，就算是最大的马和公牛，它们的高度也就是四五英寸，绵羊高度只有1.5英寸，那里的鹅就像我们的麻雀这么大……他们那里的好多东西是我看不见的。例如，有一次我见到一个厨师正在清理一只云雀的内脏，而它的大小和我们的苍蝇差不多；还有一次，我看见一个姑娘把一条线穿到一个针里，但我看不到线和针，因为它们实在太小了。"

11.2 小人国的硬床铺

题

在《格列佛游记》中，有这样一段文字，描述的是小人国的人们为格列佛准备床铺的情况：

“为了给我准备床铺，他们用车子运来600张褥子，放到我的住处后，裁缝们就忙碌起来了。他们用150张褥子做成一个床垫，大小正好符合我的体型。然后，又做了三个一样的床垫，四个叠在一起放到床上。但是，我睡在这种床垫上，感觉就像睡在地板上一样硬。”

为什么格列佛会有这种感受呢？

请问：这里面涉及的数据正确吗？

解 数据是正确的。由于小人的身高是我们身高的$\frac{1}{12}$，所以他们的床也是我们床的$\frac{1}{12}$，那么，床的表面积就是我们的$\left(\frac{1}{12}\right)^2$，也就是$\frac{1}{144}$。于是，格列佛就需要144个褥子，和题中的150个差不多。不过，小人国的褥子的厚度也是我们褥子的$\frac{1}{12}$，即使4个叠在一起，厚度也仅仅是我们的$\frac{1}{3}$，所以格列佛才会觉得特别硬。

11.3 格列佛乘坐的船

题 在小人国的时候，格列佛在海岸边发现了一艘船，后来他就是坐着这艘船离开的。对于小人国的人们来说，那是一艘非常巨大的船，比他们舰队中的所有的船都大。

假如这艘船的载重是300千克，你能算出它的排水量①是小人国的多少吨吗？

解 从上面的条件中我们得知，格列佛的船的载重是300千克，也就是说，船的排水量大约是$\frac{1}{3}$吨。由于1立方米的水的重量是1吨，所以船的排水量就是$\frac{1}{3}$立方米的水。我们知道，小人国的一切都是我们的$\frac{1}{12}$，所以立方尺寸就

是我们的 $\left(\frac{1}{12}\right)^3$，也就是$\frac{1}{1728}$。通过计算得知，我们的$\frac{1}{3}$立方米相当于小人国的575立方米，也就是说，格列佛的船的排水量大约是小人国的575吨。

在现代，很容易见到万吨级的轮船，575吨的反而不常见了。但是，在格列佛那个时代（18世纪初期），500～600吨的轮船还是非常罕见的。

11.4 小人国的大酒桶和水桶

题

在小人国的游记中，格列佛写到：“当我吃完饭后，用手示意要喝水。于是，他们快速地把一个大酒桶吊起来，让酒桶滚到我的身边，我把盖子掀开后，一口气就喝完了。然后，他们又给了我一桶，我喝完后示意再来一桶，他们非常遗憾地告诉我，已经没有了。”

格列佛提到，小人国的人们使用的水桶只有顶针箍那么大。

在小人国里，真的存在这么小的大酒桶和水桶吗？

解 如果小人国的大酒桶和水桶跟我们平时使用的桶的形状一样，那么，他们的大酒桶的长、宽、高就都是我们的$\frac{1}{12}$，体积就是我们的$\frac{1}{1\,728}$。假如我们的水桶可以盛下60杯水，他们的水桶仅仅能够盛$\frac{60}{1\,728}$，大约是$\frac{1}{30}$杯水，只有一匙勺而已。这样一来，水桶的容量的确和顶针箍差不多。

如果说水桶的容量类似于顶针箍，那么，大酒桶的容量大约是水桶的10倍，它的容量也不到半杯水。所以，格列佛喝完两大酒桶后，还是不能解渴，那是可以理解的。

11.5 格列佛的口粮

题

在《格列佛游记》中，有着这样的内容：小人国的人们为格列佛设定了口粮标准，他每天得到的食物是1 728个小人食物的总和。

格列佛写到："有300位厨师为我做饭，他们和家眷住在附近的小茅屋里。等到吃饭的时候，我把20名招待员放到桌面上，还有100个在地面上伺候着：有的人捧着一盘盘的菜和肉，有的人扛着各种酒。当我要吃东西的时候，桌子上的侍者就用装有滑轮的绳子把食物拉到桌面上。"

我们知道，格列佛的身高是小人身高的12倍，那么，他的口粮是根据什么来制定的呢？为什么他吃饭的时候需要这么多的人来服侍呢？

仅仅从格列佛和小人身高的差距来考虑，这份口粮可以满足格列佛的需要吗？

解 上面的数据都是有根据的，也是可行的。我们要知道，虽然小人比我们要小，但他们的外形和我们一样，身体各个部位的比例也相同。所以，他们的高度、宽度、厚度都是我们的$\frac{1}{12}$，身体的体积就是格列佛体积的$\frac{1}{1\,728}$，而不是$\frac{1}{12}$。因此，需要给格列佛1 728个小人的口粮，这是按照体积的比例来算的，而不是身高。

现在，我们也可以明白，为什么格列佛需要那么多人伺候。假如一个厨师可以做6个小人的饭，那么，要做1 728个小人的饭，大约需要300个厨师。还要有负责运送食物的人，要知道，格列佛使用的桌子的高度，大约是小人国的三层楼房那么高，要送到这么高的地方，肯定也需要许多人一起工作。

11.6 格列佛的新衣

题

为了给格列佛做一件当地的外套，小人国派出了300名裁缝。我们知道，格列佛的身高是小人身高的12倍，但缝制一件外套需要一个军队的裁缝吗？

图 11–2

解 虽然格列佛的身高是小人身高的12倍，但他身体的表面积不是小人身体表面积的12倍，而是144倍。如果我们考虑到，小人身体表面积的1平方英寸，对应着格列佛身体表面积的1平方英尺，而1平方英尺就等于144平方英寸，上面题中的条件就很容易理解了。这样一来，给格列佛做衣服的布料就是一个小人所需的144倍，相应地制作的时间也是144倍。假如一个裁缝两天可以做一件小人的外套，那么，为了在一天内赶制出格列佛的外套，就需要288个裁缝，大约是题中所说的300个。

11.7 巨人国的苹果和坚果

题 在游历巨人国的时候，格列佛写到："王国的侍卫带我游览花园时，看见一棵苹果树，他用手摇晃这棵树，树上的苹果一个个落下来，每一个都有大酒桶这么大。突然，有一个苹果落到我的背上，把我砸晕了……"

图 11-3

"还有一次，我正在路上走着，一个调皮的孩子拿着坚果扔我，差点砸到我的头。他扔得那么有力，如果真打到我的头上，肯定会把我的头骨打碎，因为这个坚果和我们的南瓜一样大。"

请你算一下巨人国的苹果和坚果的重量是多少呢？

解 大家都知道，我们的苹果大约是100克，在巨人国，所有东西的重量都是我们的1 728倍。这样一来，他们的苹果大约是173千克①。这样重的苹果砸到人的身上，谁都难逃一劫。

我们世界中的坚果大约是2克，那么，巨人国的坚果就是3～4千克，直径是10厘米左右。如果用这么重的坚果打到人的头部，绝对会打碎骨头。

另外，格列佛还说："有一次，巨人国的冰雹打到我的身上，全身上下都像被网球砸到似的，没有一个地方不难受的。"这样的描述非常正确，因为巨人国的普通冰雹每个大约重1 000克，全身被这样的冰雹砸到，不难受才怪呢！

11.8 巨人国的戒指

题 格列佛离开巨人国的时候，王后把自己的戒指送给他当作礼物。格列佛说："王后从自己的小指上取下戒指，然后亲自戴在我的头上，就像是一个项圈。"

大家想一下，巨人的戒指会像一个项圈吗？它的重量又是多少呢？

解 对一般人来讲，小指的直径大约是1.5厘米，那么，巨人小指的直径就是$1.5\times12=18$厘米。这样，戒指的周长就是$18\times3.14\approx56$厘米。

①半千克的安东诺夫卡苹果，在巨人国的重量大约是864千克。

这个戒指完全可以通过我们的头部（只要找一根绳子，量一下头部最宽部分的周长就可以了）。

接下来，我们计算戒指的重量。假如我们的戒指重5克，那么，这枚巨人的戒指大约重8.5千克。

11.9 巨人国的书

关于巨人国的书，格列佛的描述是这样的：

"我可以在图书馆里随便读书，但要为我准备一套设备。因此，木匠为我做了一个梯子，这个梯子可以随意移动，它的高度是25英尺，每一个踏板长50英寸。当我读书的时候，有人帮我把梯子架好，使梯子到墙壁的距离是10英尺，踏板对着墙，书打开靠在墙壁上。我爬到梯子的最上面，从一页的顶端开始往下看，我需要左右移动八九步，才能够读完一行的内容。我不停地往下读，同时还需要一级级地下梯子，直到最后一级。然后，我再爬到梯子的最上面，按照同样的方法开始读下一页。我可以翻动书页，因为这些书的厚度就像是我们的厚纸板，最大开本的书的长度在18～20英尺之间。"

大家想一下，上面的描述是真的吗？

解 如果以现在的书本（长和宽分别是25厘米和12厘米）作为参考物，上面的描写就有些夸张了。要知道，读一本长和宽分别是3米和1.5米的书，是没有必要使用梯子的，也不必从左到右走八九步。

不过，在18世纪的时候，书的尺寸要比现在的大得多。例如，彼得一世时代，马格尼茨基的作品《算术》，就是对开本的书，长和宽分别是30厘米和20厘米。如果以这种书作为参考，那么，巨人国的书的尺寸要被放大12倍，书的长度是360厘米，宽度是240厘米。这样一来，想要读这么大的书，就必须使用梯子了。

把一本对开本的书放大1728倍之后，重量会高达3吨。如果这样的一本书是由500页组成的，那么，一页书的重量大约是6千克。这个重量对于一般人而言，也是比较重的。

11.10 巨人的衣领

题

在这里，我们不再引用格列佛的冒险经历了，而是讨论其中的一个问题。

大家是否知道，衣领的尺寸指的是脖子的周长。如果你的脖子的周长是38厘米，那么，你穿的衣服的衣领就是38号的。比这个号小的时候，就会比较紧；比这个号大的时候，又会显得有些松。一般来说，成年人的脖子的平均周长是40厘米。

如果要为巨人国的人们订做一批衣服，那么，衣领的号码是多少呢？

解 我们知道，巨人脖子的周长是普通人脖子周长的12倍，所以衣领也是普通人的12倍。如果普通人脖子的周长是40厘米，他的衣领的尺寸就是40号，那么，巨人衣领的尺寸就是40×12=480号。

通过这些计算我们可以发现，《格列佛游记》中的数据都是精心设计的，对物体的描述也符合几何学原理[①]。

①但是，有些时候不符合力学原理，关于这一点，对《格列佛游记》的作者提出批评。

第12章

关于数字的难题

12.1 7个连续的数字

题

从小到大写出1～7这七个数字，使用加减号把它们连接起来，并使它们的结果是40：

$$12+34-5+6-7=40$$

如果要使这七个数的结果不是40，而是55，那么，要怎么做呢？

解 如果结果是55就会有三个答案，而不是一个：

$$123+4-5-67=55;$$

$$1-2-3-4+56+7=55;$$

$$12-3+45-6+7=55。$$

12.2 9个连续的数字

题

从小到大写出1～9这九个数字，不改变它们的顺序，只使用加号和减号，能得到100这个结果吗？

这个很容易办到，只要加上5个加号和1个减号就可以了：

$$12+3-4+5+67+8+9=100$$

如果在这九个数字之间加上2个加号和2个减号，也可以使结果是100：

$$123+4-5+67-89=100$$

能否仅仅用3个加减号使结果是100？答案是可以，但需要仔细观察，耐心思考。

解 要这样使用3个加减号才使结果是100：

$$123-45-67+89=100$$

这是唯一的答案，在只使用3个加减号的情况下，其他的做法都无法使结果是100。

12.3 10个连续的数字

有0～9这十个数字，你可以想出多少种方法使它们的和是100？

注意：至少写出4种方法。

解 下面就是4种方法：

$$70+24\frac{9}{18}+5\frac{3}{6}=100;$$

$$80\frac{27}{54}+19\frac{3}{6}=100;$$

$$87+9\frac{4}{5}+3\frac{12}{60}=100;$$

$$50\frac{1}{2}+49\frac{38}{76}=100。$$

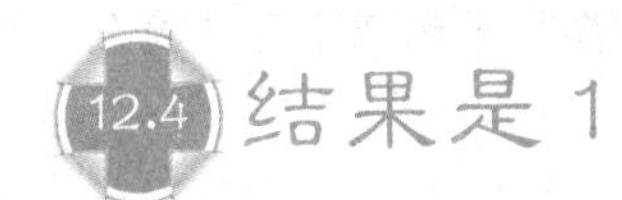

12.4 结果是1

有0～9这十个数字，怎么样才能使它们的结果是1？

解 两个分数的和就是1：

$$\frac{148}{296}+\frac{35}{70}=1$$

当然，还有其他的答案。由于任何数字的零次方都是1，所以还有123 456 7890=1和234 5679-8-1-0=1，等等。

12.5 5个2

有5个2，用数学符号把它们连接起来，使结果是15、11、12 321。

解 下列式子的结果是15：

$$(2+2)^2-\frac{2}{2}=15;$$

$$(2\times2)^2-\frac{2}{2}=15;$$

$$2^{(2+2)}-\frac{2}{2}=15;$$

$$\frac{22}{2}+2\times2=15;$$

$$\frac{22}{2}+22=15;$$

$$\frac{22}{2}+2+2=15。$$

结果是11的式子是：

$$\frac{22}{2}+2-2=11$$

要使结果是12 312，开始时觉得把5个2用数学符号连起来不可能得到这样的结果，但仔细考虑后，发现还是有解的：

$$\left(\frac{222}{2}\right)^2=1112=111\times111=12\ 321$$

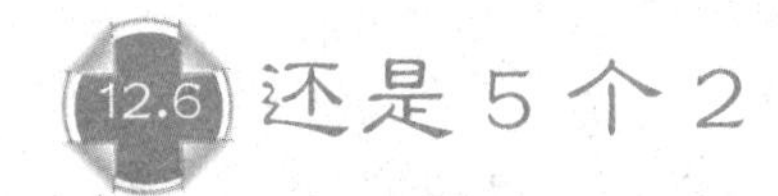

12.6 还是5个2

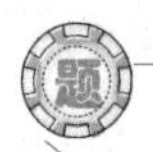

像上题一样，用数学符号把5个2连接起来，使结果是28。

解 下列式子的结果是28：

$$22+2+2+2=28$$

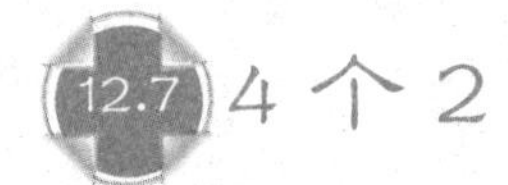

12.7 4个2

这道题比较困难，用数学符号把4个2连接起来，结果可能是111吗？

解 可能，式子如下：

$$\frac{222}{2}=111$$

12.8 5个3

用数学符号把5个3连接起来，下面的方法可以得到100：

$$33\times3+\frac{3}{3}=100$$

那么，怎么用5个3得到10这个结果呢？

答案是这样的：

$$\frac{33}{3}-\frac{3}{3}=10$$

我们把题中的要求改了，不再是5个3，而是5个1、5个4、5个7、5个9等，只要是5个相同的数字，都可以用同样的方法得到10这个结果。于是，我们得到下面的等式：

$$\frac{11}{1}-\frac{1}{1}=\frac{22}{2}-\frac{2}{2}=\frac{44}{4}-\frac{4}{4}=\frac{99}{9}-\frac{9}{9}\text{等}$$

这道题还有其他的答案：

$$\frac{3\times3\times3+3}{3}=10;$$

$$\frac{3^3}{3}+\frac{3}{3}=10。$$

12.9 又是5个3

题 用数学符号把5个3连接起来，可以得到37这个结果吗？

符合题中要求的答案有两个：

$$33+3+\frac{3}{3}=37;$$

$$\frac{333}{3\times3}=37。$$

12.10 5个相同的数字

题 用数学符号把5个相同的数字连接起来，使结果是100，请你用四种方法完成这道题。

解 5个1、5个3、5个5都可以实现题中的要求：

$$111-11=100;$$

$$33\times3+\frac{3}{3}=100;$$

$$5\times5\times5-5\times5=100;$$

$$(5+5+5+5)\times5=100。$$

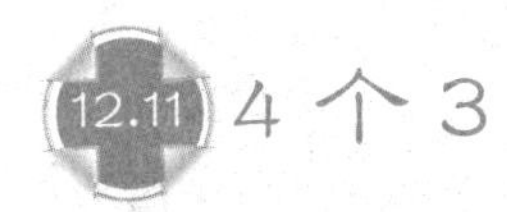

12.11 4个3

题 用数学符号把4个3连起来，很容易得到12：

$$3+3+3+3=12$$

如果结果是15和18，就有点难度了：

$$(3+3)+(3\times3)=15;$$

$$(3\times3)+(3\times3)=18。$$

如果结果是5的话，恐怕更难想到：

$$3+\frac{3+3}{3}=5$$

请你想办法得到1～10这十个结果（上面已经给出了数字5的算法）。

解 具体的式子是：

$$\frac{33}{33}=1;$$

$$\frac{3}{3}+\frac{3}{3}=2;$$

$$\frac{3+3+3}{3}=3;$$

$$\frac{3\times3+3}{3}=3;$$

$$\frac{(3\times3)+3}{3}=6。$$

在这里，我们不再给出剩余4个结果的答案，请大家自己算一下。当然，上面的答案也不是唯一的。

12.12 4个4

题 如果你计算完了上面那道题，并对这种题型很感兴趣，那么，请你试着用4个4得到1～10这十个结果。其实，这道题和上面的那道题类似，难易程度也差不多。

解 答案是这样的：

$$\frac{44}{44}=1，或者\frac{4+4}{4+4}=1，或者\frac{4\times4}{4\times4}=1等；$$

$$\frac{4}{4}+\frac{4}{4}=2，或者\frac{4\times4}{4+4}=2；$$

$$\frac{4+4+4}{4}=3，或者\frac{4\times4-4}{4}=3；$$

$$4+4\times(4-4)=4；$$

$$\frac{4\times4+4}{4}=5；$$

$$4+\frac{4+4}{4}=6；$$

$$4+4-\frac{4}{4}=7，或者\frac{44}{4}-4=7；$$

$$4+4+4-4=8，或者4\times4-4-4=8；$$

$$4+4+\frac{4}{4}=9；$$

$$\frac{44-4}{4}=10。$$

12.13 4个5

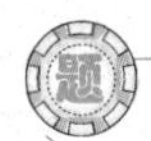

把4个5用数学符号连接起来，使得到的结果是16。

解 这道题的答案是唯一的：

$$\frac{55}{5}+5=16$$

12.14 5个9

使用数学符号把5个9连接起来，结果是10，至少用两种方法解答此题。

解 下面是四种方法：

$$9+\frac{99}{99}=10;$$

$$\frac{99}{9}-\frac{9}{9}=10;$$

$$\left(9+\frac{9}{9}\right)^{\frac{9}{9}}=10;$$

$$9+999-9=10。$$

12.15 结果是24

用数学符号把3个8连接起来，很容易得到24：

8 + 8 + 8=24

不过，你能用其他三个一样的数字得到 24 吗？

注意：这道题的答案不是唯一的。

解 我们来看其中的两种解法：

$$22+2=24;$$

$$3^3-3=24。$$

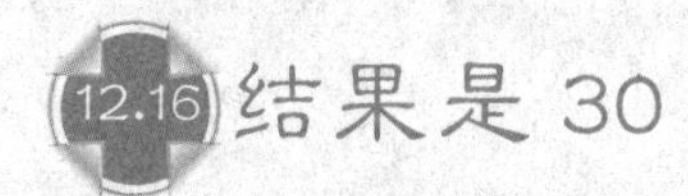

12.16 结果是 30

我们可以轻易地用 3 个 5 得到 30：

5 × 5 + 5=30

但是，用其他的三个重复的数字得到 30 就有些难了，试着找出这样的数字，而且答案不止一个。

解 我们列举出其中的三个：

$$6\times6-6=30;$$

$$3^3+3=30;$$

$$33-3=30。$$

12.17 结果是 1000

用数学符号把 8 个相同的数字连接起来，使结果是 1 000。

解 其中的一个答案是：

$$888 + 88 + 8 + 8 + 8 = 1\,000$$

12.18 删掉6个数字

题 下面是3个数字排列出来的图形：

1	1	1
7	7	7
9	9	9

从图形中删掉6个数字，使剩余的数字加起来的和是20，你知道要怎么做吗？

解 删除6个数字后的图形是这样的（用0代替被删掉的数字）：

0	1	1
0	0	0
0	0	9

结果就是：

$$11 + 9 = 20$$

12.19 删掉9个数字

下面的图形是由5行数字组成的：

1 1 1

3 3 3

5 5 5

7 7 7

9 9 9

从上面的图形中删掉9个数字，使剩余5行中的数字相加的结果是1111。

解 这个问题的答案有好几个，我们列举出其中的4个答案，删掉的数字还是用0来代替：

100	111	011	101
000	030	330	303
005	000	000	000
007	070	770	707
999	900	000	000
1111	1111	1111	1111

12.20 镜子里的数

题 19世纪中的哪一年，镜子中的数字是原来的$4\frac{1}{2}$倍？

解 在镜子中，数字1、0、8不会改变样子。因此，所求的年份中一定只有这3个数字。由于是19世纪中的年份，所以开始的两个数字一定是18。

现在，很容易猜出这一年是1818，它在镜子中的数字是8 181，正好是原来的$4\frac{1}{2}$倍：

$$1\,818\times 4\frac{1}{2}=8\,181$$

除此之外，这道题没有其他的答案。

12.21 哪一年？

题 20世纪的某一年有这样的特征：先把它垂直翻转，然后水平翻转，和原来的数字一样。请问：这是哪一年呢？

解 20世纪中，只有一个年份符合题中的要求，那就是1961年。

12.22 两个整数

题 两个整数相乘的结果是7，这两个整数是多少呢？

注意：题中的要求是两个整数的乘积是7，千万不要出现$3\frac{1}{2}\times 2=7$或者$2\frac{1}{3}\times 3=7$这种错误的答案。

解 其实，这道题的答案很简单，那就是$1\times 7=7$。也就是说，要求的两个整数是1和7。

12.23 相加和相乘

题 有两个整数，它们的和大于它们的乘积，请你找出这两个整数。

解 这道题的答案不是唯一的，而是有无数个，例如：

$$3+1=4>3\times1=3;$$

$$10+1=11>10\times1=10;$$

在两个整数中，肯定有一个1。因为一个数加上1后会变大，而乘上1还是它本身。

12.24 和等于乘积

题

有两个整数，它们的和等于它们的乘积，这两个整数是多少呢？

解 这两个整数相等，都是2。在所有的整数中，只有$2+2=2\times2$，其他的数字都没有这种特征。

12.25 是质数也是偶数

题

大家都知道什么是质数：公因数只有本身和1的自然数。其他的数都是合数（0和1既不是质数，也不是合数）。

请大家思考一下，是不是所有的偶数都是合数，有没有偶数是质数呢？

解 这样的数字只有一个，那就是2，它是质数也是偶数。而且，它只有1和它本身两个公因数。

12.26 3 个数

有 3 个整数，它们的和等于它们的乘积，请找出这 3 个整数。

解 这 3 个整数是 1、2、3，它们的和、乘积分别是：

$$1+2+3=6;$$

$$1\times 2\times 3=6。$$

12.27 成对的数

通过前面的一些习题，你可能开始注意一些数字的特征了，像：

$$2+2=2\times 2=4$$

在整数中，这是唯一的一组和等于乘积的数。

你是否知道，两个不相等的数，它们的和也可能等于它们的乘积，请找出这样的成对数字。

注意：这样的成对数字有很多，但不一定是整数。

解 这道题的答案的确有很多，我们只列举其中的几个：

$$3+1\frac{1}{2}=3\times 1\frac{1}{2}=4\frac{1}{2};$$

$$5+1\frac{1}{4}=5\times 1\frac{1}{4}=6\frac{1}{4};$$

$$9+1\frac{1}{8}=9\times 1\frac{1}{8}=10\frac{1}{8};$$

$$11+1.1=11\times 1.1=12.1;$$

$$21+1\frac{1}{20}=21\times 1\frac{1}{20}=22\frac{1}{20};$$

$$101+1.01=101\times 1.01=102.01，等等。$$

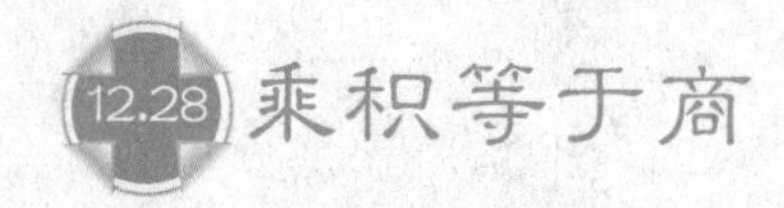

12.28 乘积等于商

题 有两个整数，它们的乘积等于它们的商，请你求出这两个整数。

解 这样的整数组合有很多，我们只写出其中的几个：

$$2\times1=2\div1=2;$$

$$7\times1=7\div1=7;$$

$$43\times1=43\div1=43。$$

12.29 两位数

题 有一个两位数，用它除以个位加上十位数字的和，得到的结果仍等于个位和十位数字之和。请问：这个两位数是多少？

解 由题中的条件可知，这个两位数一定是一个完全平方数。在所有的两位数中，只有6个完全平方数，通过试验可以得知答案是81：

$$\frac{81}{8+1}=8+1$$

12.30 乘积是和的十倍

12和60是一对很有趣的数字，它们的乘积是它们和的10倍：

$$12\times60=720,\quad 12+60=72$$

你还能找出具有这种特征的整数吗？仔细考虑一下，也许答案不止一个。

解 下面的4对整数都具有这种特征，它们是：

11和110，14和35，15和30，20和20。

我们来具体算一下：

$$11\times110=1\,210,\quad 11+110=1\,21;$$

$$14\times35=490,\quad 14+35=49;$$

$$15\times30=450,\quad 15+30=45;$$

$$20\times20=400,\quad 20+20=40。$$

除了上面的4对整数，其他的整数都没有这种特征。盲目地寻找答案是不明智的，这道题利用代数知识来求解就简单多了。

12.31 两个数字

请你想一下，用两个数字表示的最小整数是多少呢？

解 我们首先想到的答案是10，但这个结果是不对的，正确的答案是1，可以通过下面的方法得到：

$$\frac{1}{1}、\frac{2}{2}、\frac{3}{3}\cdots\frac{9}{9}$$

由于所有数的零次方都是1[①]，所以还可以这样表示：

$$1^0、2^0、3^0\cdots9^0$$

12.32 4个1

有4个1，它们能够组成的最大数字是多少？

解 一般情况下，人们首先想到的答案是1111。不过，这不是正确的答案，而且还相差很多。其实，最大的数字是1111。

虽然这个数是由4个1组成的，通过计算后得知，这个数大约是2850亿。

12.33 奇特的分数

分数$\frac{6729}{123458}$是由1～9这九个数字组成的，把这个分数化简后，最终等于$\frac{1}{2}$。

请试着用1～9这九个数字表示$\frac{1}{3}$、$\frac{1}{4}$、$\frac{1}{5}$、$\frac{1}{6}$、$\frac{1}{7}$、$\frac{1}{8}$和$\frac{1}{9}$。

解 这道题的答案不是唯一的，我们只写出其中的一组：

$$\frac{5823}{17469}=\frac{1}{3};$$

$$\frac{3942}{15768}=\frac{1}{4};$$

$$\frac{2697}{13485}=\frac{1}{5};$$

$$\frac{2943}{17658}=\frac{1}{6};$$

$$\frac{2394}{16758}=\frac{1}{7};$$

① 0^0和$\frac{0}{0}$不是正确的答案，因为这两个式子是没有意义的。

$$\frac{3187}{25496}=\frac{1}{8};$$

$$\frac{6381}{57429}=\frac{1}{9}。$$

答案有很多，有40多个答案化简后的结果是$\frac{1}{8}$。

12.34 丢失的乘数

题 老师在黑板上出了一道乘法题，一个小学生做完后，用板擦擦掉了一大部分，只剩下了第一排的数字，以及最后一排中的两个数字，写出来就是：

```
    2 3 5
×     * *
  * * * *
+ * * * *
  * * 5 6 *
```

你能把擦掉的乘数找出来吗？

解 我们通过推理来求解。最后得数中的6是两个数字相加得到的，下面的数字是0或者5。假如下面的数字是0，那么，上面的数字就是6，我们试验一下这个假设是否正确。不管乘数是多少，运算第一步得到的数字的十位上都不可能是6。因此，运算第二步中得到的数字中的最后一位只能是5，它上面的那一位就是1。现在，上面的式子变成了：

```
      2 3 5
×       * *
    * * 1 *
+ * * * 5
  * * 5 6 *
```

乘数个位上的数字大于4，否则第一步计算的结果就不会是四位数。而且，个位上的数也不可能是5，否则不会出现1。6满足上面的条件，上式变为：

```
      2 3 5
×       * 6
-----------
    1 4 1 0
+ * * * 5
-----------
  * * 5 6 0
```

以此推论，最后可得到乘数是96。

12.35 残缺不全的乘式

题

下面是一个残缺不全的乘式，大部分的数字都丢失了：

```
        * 1 *
×       3 * 2
-------------
        * 3 *
    3 * 2 *
+ * 2 * 5
-------------
  1 * 8 * 3 0
```

你能把这个乘式补充完整吗？

解 采用逐步推理的方法，就可以把乘式补充完整。为了方便，我们把给各行的数字标上号：

```
        * 1 *…………①
×       3 * 2…………②
-------------
        * 3 *…………③
    3 * 2 *  …………④
+ * 2 * 5    …………⑤
-------------
  1 * 8 * 3 0…………⑥
```

由于第⑥行个位上的数字是0，所以第③行个位上的数字也是0。

接下来，我们来判断第①行个位上的数字是什么。这个数字乘上2之后，结果是一个以0结尾的数字；乘以3，是以5（第⑤的个位数）结尾的数字。那么，这个数字只能是5。

不难推算，第②行中缺的数字是8，因为只有8和15的乘积的最后两位是20（第④行）。

最后，我们推理出第①中所缺的另一个数字是4。因为只有4和8的乘积中才会出现3（第④行）。

现在，其他的未知数很容易求出来。只要用第①行和第②行的数字相乘，把结果填上去就可以了。

补全后的乘式如下：

```
      4 1 5
  ×   3 8 2
  ---------
      8 3 0
    3 3 2 0
+ 1 2 4 5
-----------
  1 5 8 5 3 0
```

12.36 又一个残缺不全的乘式

题 这道题和上面的题很相似，残缺的乘式是：

```
      * * 5
  ×   1 * *
  ---------
    2 * * 5
  1 3 * 0
+ * * *
-----------
  4 * 7 7 *
```

解 像上一道题那样推理，最后我们可以得出，补充完整的乘式是：

$$
\begin{array}{r}
325 \\
\times\quad 147 \\
\hline
2275 \\
1300 \\
+\ 325 \\
\hline
47775
\end{array}
$$

12.37 乘法中的奇妙现象

题

我们来看下面这个有趣的乘式：

48 × 159=7 632

它的有趣之处就是，乘数和乘积是由 1 ~ 9 这九个有效数字组成的。你还能找出这样的例子吗？如果可以，这样的例子有多少个呢？

解 通过寻找后我们发现，一共有 9 个这样的乘式，它们分别是：

12×483=5 796；

42×138=5 796；

18×297=5 346；

27×198=5 346；

39×186=7 254；

48×159=7 632；

28×157=4 396；

4×1738=6 952；

4×1963=7 852。

12.38 神秘的商

下面的式子是一个多位数的除法，数字全部被小黑点代替了：

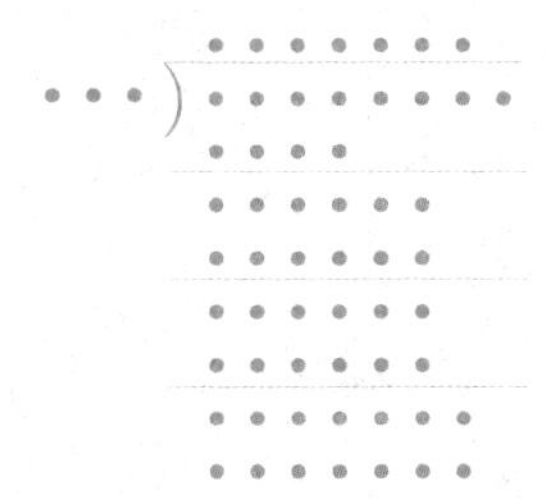

上式中的被除数和除数都是未知数，我们只知道商的倒数第二个数字是7，请你求出商是多少。

提示：这道题的答案是唯一的。

解 为了叙述方便，我们各行的小黑点标上号：

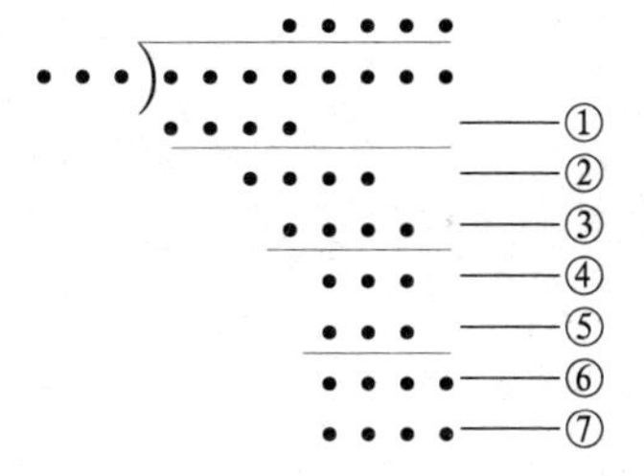

由于第②行中连续从被除数上移下来了两个数字，所以推断出商的第二个数字是0。我们假设除数是x，根据第④行和第⑤行可知，$7x$的被减数（除数和商的倒数第二个数字的乘积）不超过999，也不会小于100。所以，$7x$的最大值不超过$999-100=899$，x的值不超过128。从上面的式子中可以得知，第③行的数字大于900，因为第②行的四位数减去第③行的四位数结果是二位数。这样一来，商的第三个数字就是$900\div128\approx7.03$，也就是说是8或者9。因为第①行和第⑦行都是四位数，可以推出商的第三个数字是8，最后一个是9。

到此为止，我们就求出了商的值是90 879。

我们不必再费力去求被除数和除数，因为题中没有要求。并且，和这个商对应的被除数和除数就有11对，如下：

$$\left.\begin{array}{l}10\ 360\ 206\div114\\10\ 451\ 085\div115\\10\ 541\ 964\div116\\10\ 632\ 843\div117\\10\ 723\ 722\div118\\10\ 814\ 601\div119\\10\ 905\ 480\div120\\10\ 996\ 359\div121\\11\ 087\ 238\div122\\11\ 178\ 117\div123\\11\ 268\ 996\div124\end{array}\right\}=90\ 879$$

上面所有式子的商都是90 879。

12.39 残缺不全的除式

下面是一个残缺不全的除式：

```
           1 * *
         × 3 * 2
325) * 2 * 5 *
       * * *
     * 0 * *
     * 9 * *
       * 5 *
       * 5 *
           0
```

解 按照上一道题的推理方法，我们把除式补充完整后是：

```
          162
325 ) 52650
      325
      20150
      1950
        650
        650
          0
```

12.40 能够被 11 整除的数

题 有个数是一个九位数，它由 9 个不同的数字组成，而且能够被 11 整除，请你写出这个数的最大值和最小值。

解 想要回答这道题，就要知道能被 11 整除的数的特征。如果一个数偶数位上的数字之和与奇数位上的数字之和的差是 0 或者能够被 11 整除，那么，这个数就能够被 11 整除。

例如，23 658 904 这个数，它的偶数位上数字的和是：

$$3+5+9+4=21$$

奇数位上的数字之和是：

$$2+6+8+0=16$$

它们的差是：

$$21-16=5$$

这个差不是 0，也不能被 11 整除，所以 23 658 904 这个数不能被 11 整除。

我们再看另一个数字 7 344 535，它的偶数位之和是：

$$3+4+3=10$$

奇数位之和是：

$$7+4+5+5=21$$

它们的差是：

$$21-10=11$$

因为它们的差能够被11整除，所以这个数也能够被11整除。现在，我们就能够写出满足题目要求的数了。

例如：数字352 049 786，它的偶数位之和是：

$$5+0+9+8=22$$

奇数位之和是：

$$3+2+4+7+6=22$$

它们的差是：

$$22-22=0$$

所以，这个数也可以被11整除。

通过计算后可以得知，能够被11整除的最大的九位数是：987 652 413；最小的九位数是：102 347 586。

12.41 数字三角

题 图12-1是一个三角形，在圆圈中填上1～9这九个数字，使三角形每条边的和都是20。

解 图12-2是其中的一个答案，三角形每条边上的中间两个数互换位置后，就可以得到其他的答案。

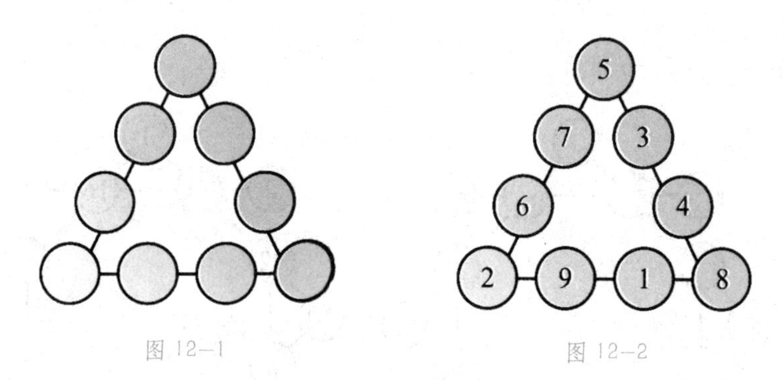

图 12-1　　图 12-2

12.42 又一个数字三角

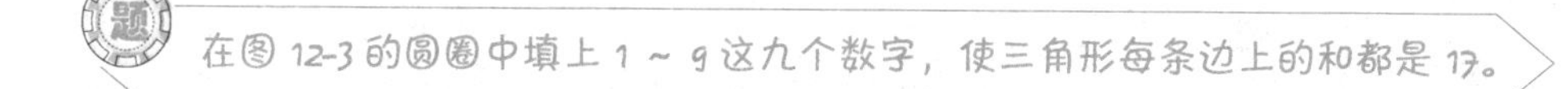

题 在图 12-3 的圆圈中填上 1 ~ 9 这九个数字，使三角形每条边上的和都是 17。

解 图 12-4 是其中的一个答案，像上一道题一样，每条边上中间的两个数字互换位置后，又可以得到其他的答案。

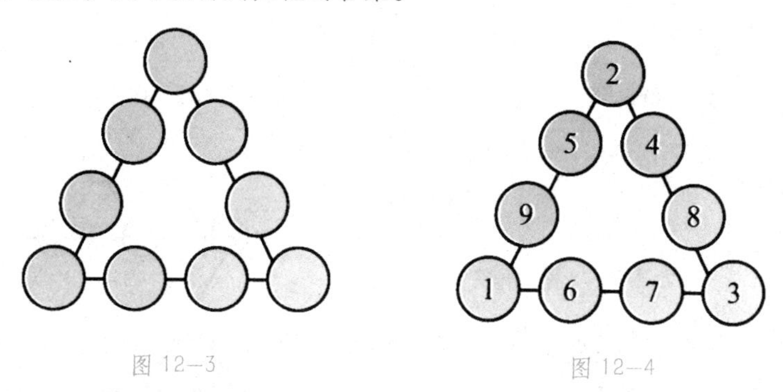

图 12-3　　图 12-4

12.43 八角星形

题 如图 12-5 所示，将 1 ~ 16 这十六个数字填入八角星形的圆圈中，使每条直线上的数字之和是 34，同时正方形的四个顶点之和也是 34。

解 答案如图 12-6 所示：

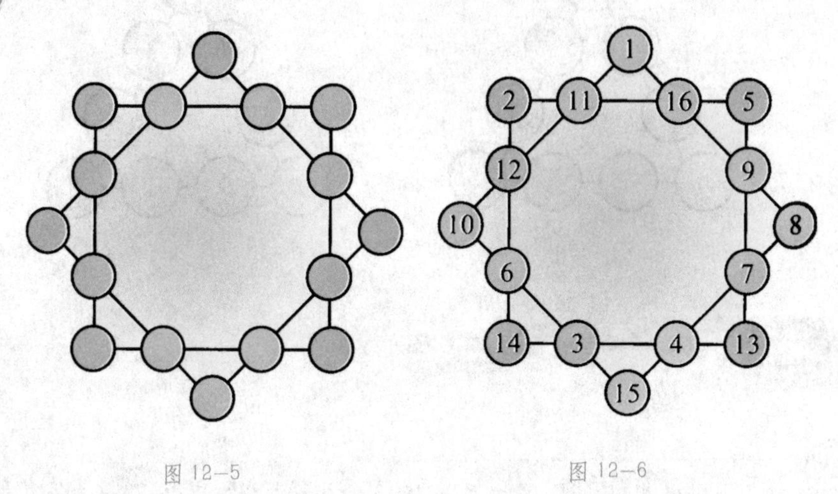

图 12-5　　图 12-6

12.44 六角星形

题

图 12-7 中的六角形有一个特点，各个边上的数字之和是相等的：

4 + 6 + 7 + 9=26；

4 + 8 + 12 + 2=26；

9 + 5 + 10 + 2=26；

11 + 6 + 8 + 1=26；

11 + 7 + 5 + 3=26；

1 + 12 + 10 + 3=26。

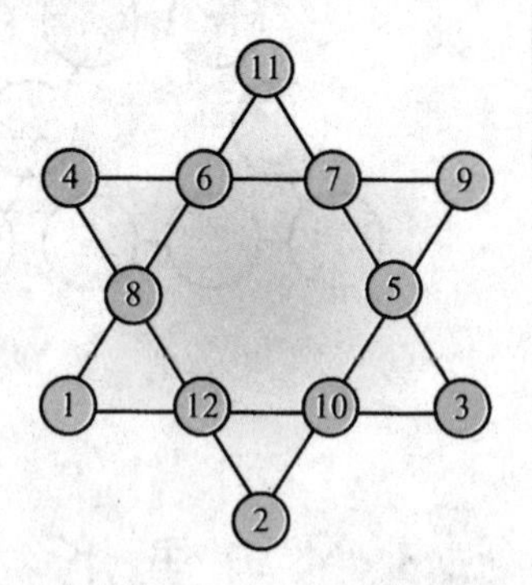

图 12-7

但六个角上的数字之和不是 26，而是：

4 + 11 + 9 + 3 + 2 + 1=30

请你将这个六角星形完善一下，使六个顶点的和也是 26。

解 为了简化求解的方法，我们按照下面的推理来进行。

由于这个星形六个角上的和是26，所以所有的数字之和是78，内部六个数字的和是78 — 26=52。

现在，我们来看其中的一个三角形。因为三角形的每条边的和都是26，所以三条边的总和是：26×3=78，三个角上的数字都被使用了两次。由于三角形内部的数字之和是52，所以三个角上的数字之和的2倍是78 — 56=26，三个角上的数字之和就是13。

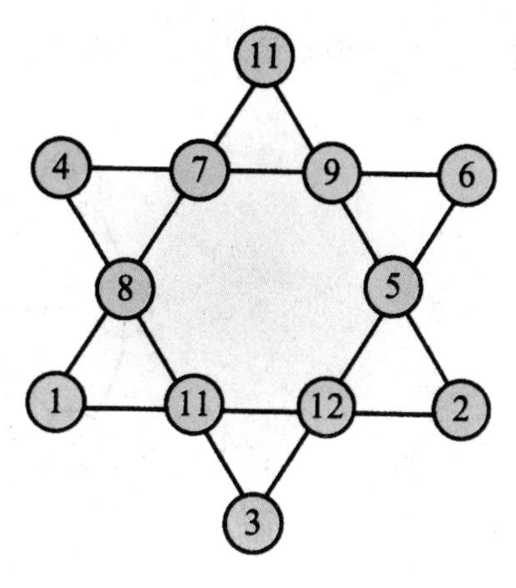

图 12—8

这样一来，我们的范围就缩小了。例如，我们可以明确地知道三角形顶点上的数字不会是11，也不会是12。所以，我们从10开始去试，接着再找出另外两个顶点上的数字1和2。

同理，我们可以找出其他的数字，最终的结果如图12—8所示：

12.45 数字组成的轮子

题

把1～9这九个数字填入图12-9的圆圈内，中心放一个数字，其他的8个数字填到周围，使每条直线上的三个数字之和都是15。

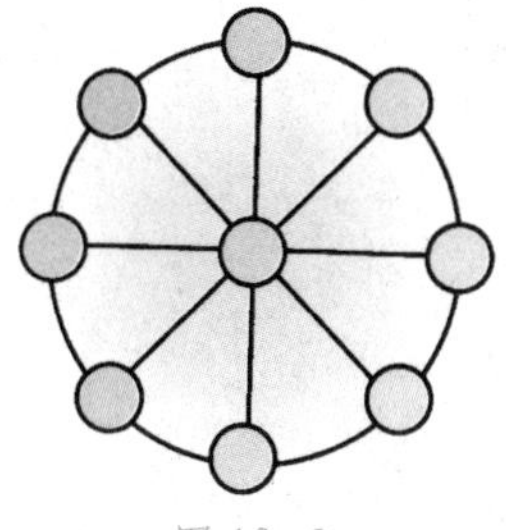
图 12—9

解 图 12-10 所示就是正确的答案：

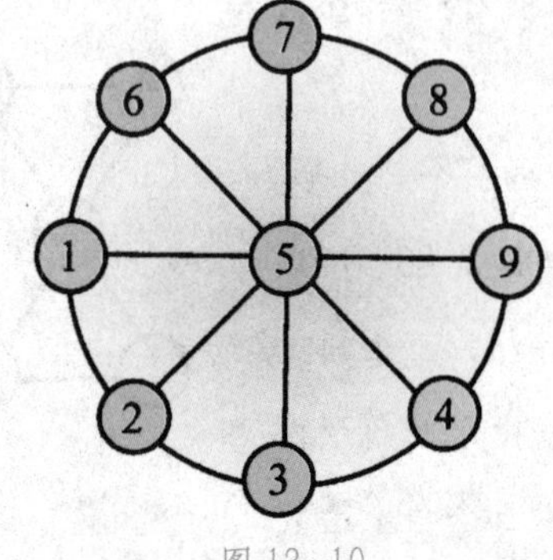

图 12-10

12.46 三齿叉

把 1 ~ 13 这十三个数字填入图 12-11 的方格中，使垂直的数字（①、②、③）之和均等于水平的数字（④）之和。

解 图 12-12 就是正确的答案，各行的数字之和都是 25。

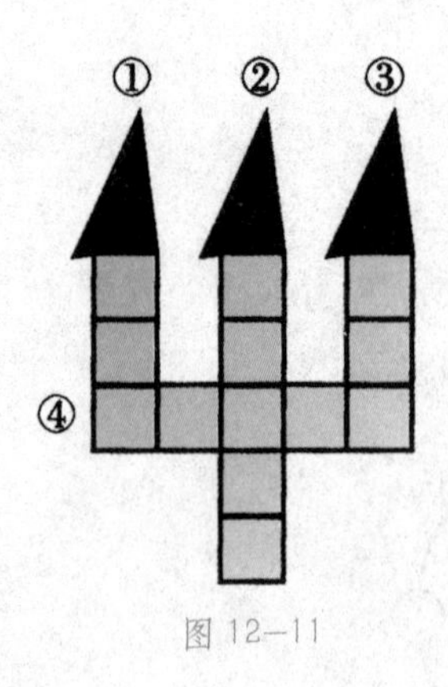

图 12-11

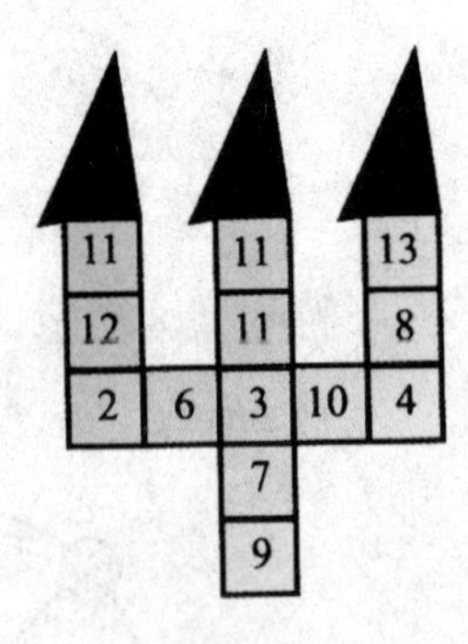

图 12-12

第13章

关于数数的问题

13.1 数数的学问

如果有人问你：你会数数吗？你可能会觉得奇怪，谁不会数数呢，谁都能数出1、2、3这些数，这没有什么了不起的。不过，并不是所有的人都能把数数这个问题解决好。把一个盒子中的钉子数清楚不难，如果盒子里既有钉子又有螺丝钉，为了把它们完全数清楚，你会怎么做呢？是不是把它们分开后再数呢？

家庭主妇洗衣服的时候也会面临同样的问题，是把衣服放到一起洗呢，还是分类后再洗：

毛巾放一堆，外套放一堆，衬衫放一堆，直到把所有的东西归类好。等把这件事情做完后，她再数一下每堆有多少件。

其实，这就是不会数数。因为用这种方法数很不方便，而且还可能出错。如果只是数数衣服还好，但如果你要数的是别的，就不是这么简单了。例如，一个林业学家要数一公顷土地上的树木，不仅有松树、冷杉，还有白桦和白杨。这时，就不能先归类再数了。那么，他要怎么办呢？首先数松树，然后数冷杉，接着数白桦，最后数白杨，是这样吗？难道没有其他比较简单的方法吗？

当然有，而且林业专家很早就使用这种方法了。我们以数钉子和螺丝为例，向大家讲解一下。

为了一次就数清楚钉子和螺丝的个数，我们可以这样做，在纸上画出一个表格：

钉子的数目	螺丝的数目

然后，再开始数。随手从盒子中拿出一个东西，如果是钉子就在钉子下面

的方格中画一个横线，如果是螺丝就在螺丝下面的方格中画一个横线。然后，再拿出第二个东西，按照上面的方法来做，一直到数完盒子中的钉子和螺丝。最后，数一下两个方格中的横线的数目，就可以知道钉子和螺丝的个数了。

也有数横线的简单方法，不用一个个地画出来，而是每五个画一个图13−1那样的图形。最好是将这些图形分组排列起来，画完一个后，再画第二个的时候和前面的那个保持一些距离，接着再画第三个等。最后，就是图13−2中的形状。

图 13−1

图 13−2

这种数横线的方法很简单，在图13−2中，有7个完整的小方块，还有一个不完整的，最后的结果就是：35 + 3=38。

还可以用另一种小方格来代替横线，每个小方格代表的是“10”，如图13−3所示：

图 13−3

在林区中，记录不同种类的树木时，就必须得使用这种方法，这时我们的纸上不再是两行，而是四行。

这里，我们采用的是横表，更方便记录数据。在开始数数之前，先在纸上画一个这样的表格：

松树	
冷杉	
白桦	
白杨	

数完之后，上面的表格就变成图13−4的样子了。

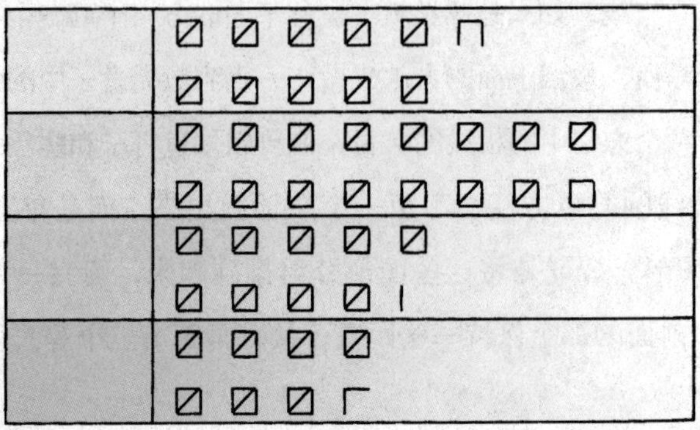

图 13–4

最后，再做一个统计：

松树………………53

冷杉………………79

白桦………………46

白杨………………37

医生使用显微镜观察血样的时候，也会用这种方法来记录细胞中红血球和白血球的数量。

如果你要数一下草地上各种植物的数量，就可以使用这个方法。先在纸上写出所有植物的名称，然后用表格把植物框起来，留出足够空闲的表格，用来做标记。最后，就可以开始数数了。

下面的步骤和数树木的一样，我们就不再一一叙述了。

13.2 数林中树木的方法

上面讲述了数树木的方法，但为什么要数树木呢？恐怕绝大多数人没有思考过这个问题。在托尔斯泰的小说《安娜·卡列尼娜》中，通晓林业的列文问过不懂这一行业的卖树亲戚一个问题：

“你数过自己有多少棵树吗？”

“怎么数？这不是和数地球上的沙子一样困难嘛……”对方惊讶地回答。

“嗯，确实是这样。但是，买树人亚比宁就会数树的数目。而且，没有一个买树的商人是不数树的数目的。”

数树的数目是为了计算树林里木材的数量，而且不用数完整片树林中的树木，而是数一个特定的范围。例如，如果这片树林中的树木是均匀的，也就是说，树木的稠密程度、组成、粗细、高矮都差不多，就可以数出一公顷土地上树木的数量，然后乘以整片树林的公顷数就可以了。在计算树的数目时，不仅要记录各个品种的数量，还要知道树干粗度达到各种水平的树木有多少棵：树干是 25 厘米的有多少棵，30 厘米的多少棵，35 厘米的多少棵等。相应地，我们的表格也会复杂得多。

如果你不是用这种方法来数林中树木的个数，而是走一趟数一种树木，那要走多少趟，又会浪费多少时间呢！

只有要数的东西是一种时，数数才是简单的方法。如果要计算数目的种类很多，使用上面讲述的表格的方法，就会非常有效。

第14章

最简单的心算法

本章节中，我们将介绍几种简单的心算方法，要掌握这些方法，不要机械地记忆，而是要学会灵活地运用，还要加强训练。只要你把这些方法都掌握了，就能够在脑子里快速且准确无误地进行计算了。

14.1 一位数的乘数

①对例如 27×8 这样的乘数为一位数的乘法进行口算，和笔算的方法不同，笔算是从乘数的个位数开始计算，而口算则是从十位数开始乘的，先计算 $20 \times 8 = 160$，再计算个位数：$7 \times 8 = 56$，最后再把这两个得数相加：$160 + 56 = 216$。

再举几个例子：

$$34 \times 7 = 30 \times 7 + 4 \times 7 = 210 + 28 = 238,$$

$$47 \times 6 = 40 \times 6 + 7 \times 6 = 240 + 42 = 282。$$

②把下面这个 11 － 19 的个位数乘法表记住，它会帮上你很大忙：

	2	3	4	5	6	7	8	9
11	22	33	44	55	66	77	88	99
12	24	36	48	60	72	84	96	108
13	26	39	52	65	78	91	104	117
14	28	42	56	70	84	98	112	126
15	30	45	60	75	90	105	120	135
16	32	48	64	80	96	112	128	114
17	34	51	68	85	102	119	136	153
18	36	54	72	90	108	126	114	162
19	38	57	76	95	114	133	152	171

把这个表记熟了，口算的时候就能这样计算，例如计算 147×8：

$$147 \times 8 = 140 \times 8 + 7 \times 8 = 1120 + 56 = 1\,176。$$

③如果乘法算式中的一个乘数可以被因式分解成个位数，计算就会更加简便了：

$$225\times6=225\times2\times3=450\times3=1\ 350。$$

14.2 两位数的乘数

④计算其中一个乘数为两位数的乘法算式时，把它转换成一位数的乘法，计算起来就更加简便了。

乘数是一位数时，就可以按①中介绍的方法，把它放到乘数的位置上进行计算。

例：$6\times28=28\times6=120+48=168$。

⑤如果两个乘数都是两位数，就把其中一个乘数分解成一个十位数和一个个位数。

例：$29\times12=29\times10+29\times2=290+58=348$，

$41\times16=41\times10+41\times6=410+246=656$ 或 $41\times16=16\times41=16\times40+16=640+16=656$。

这样把两个乘数较小的乘数分解成一个十位数和一个个位数进行计算，会使计算过程更简便。

⑥如果两个乘数很容易被因式分解成两个个位数相乘（例如：$14=2\times7$），那就可以在计算的时候把其中一个乘数缩小几倍，同时把另一个乘数扩大相应的倍数（方法如③）。

例：$45\times14=90\times7=630$。

14.3 乘数和除数是 4 和 8

⑦乘数为 4 时，口算的时候要把乘数分为两次和 2 相乘。

例：$112 \times 4 = 224 \times 2 = 448$，

$335 \times 4 = 670 \times 2 = 1\ 340$。

⑧乘数为 8 时，口算的时候要把乘数分为三次和 2 相乘。

例：$217 \times 8 = 434 \times 4 = 868 \times 2 = 1\ 736$。

还有更简便的计算方法：

$217 \times 8 = 200 \times 8 + 17 \times 8 = 1600 + 136 = 1\ 736$。

⑨除数为 4 时，口算的时候要把除数分为两次除以 2。

例：$76 \div 4 = 38 \div 2 = 19$，

$236 \div 4 = 118 \div 2 = 59$。

⑩除数为 8 时，口算的时候要把除数分为三次除以 2。

例：$464 \div 8 = 232 \div 4 = 116 \div 2 = 58$，

$516 \div 8 = 258 \div 2 = 129 \div 2 = 64.5$。

14.4 乘数是 5 和 25

⑪乘数为 5 时，由于 $5 = \frac{10}{2}$，所以口算的时候把乘以 5 当成先乘以 10 再除以 2。

例：$74 \times 5 = 740 \div 2 = 370$；

$243 \times 5 = 2430 \div 2 = 1\ 215$。

⑫ 乘数为25时，由于$25=\frac{100}{4}$，所以口算的时候把乘以25当成先除以4，再乘以100。

例：$72\times25=\frac{72}{4}\times100=1\ 800$。

由于$100\div4=25$，$200\div4=50$，$300\div4=75$，所以如果上述算式中的乘数不能除尽4，那么：

余数是1的时候，商的后面要加上25；

余数是2的时候，商的后面要加上50；

余数是3的时候，商的后面要加上75。

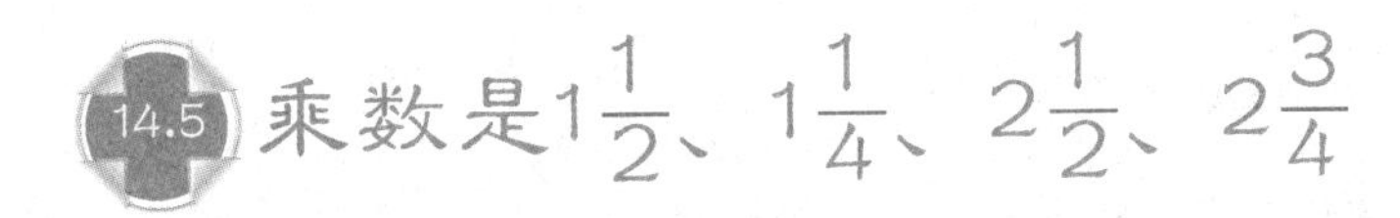

⑬ 乘数为$1\frac{1}{2}$时，口算的时候把被乘数加上它的一半。

例：$34\times1\frac{1}{2}=34+17=51$，

$23\times1\frac{1}{2}=23+11\frac{1}{2}=34\frac{1}{2}$（或34.5）。

⑭乘数为$1\frac{1}{4}$时，口算的时候把被乘数加上它的$\frac{1}{4}$。

例：$48\times1\frac{1}{4}=48+12=60$，

$58\times1\frac{1}{4}=58+14\frac{1}{2}=72\frac{1}{2}$（或72.5）。

⑮乘数为$2\frac{1}{2}$时，口算的时候先把被乘数乘以2，再加上它的一半。

例：$18\times2\frac{1}{2}=36+9=45$，

$39\times2\frac{1}{2}=78+19\frac{1}{2}=97\frac{1}{2}$（或97.5）。

也可以先把被乘数乘以5，再除以2。

例：$18\times2\frac{1}{2}=90\div2=45$。

⑯乘数为$\frac{3}{4}$时，口算的时候先把被乘数乘以$1\frac{1}{2}$，再除以2。

例：$30\times\frac{3}{4}=\frac{(30+15)}{2}=22\frac{1}{2}$（或22.5）。

也可以先用被乘数减去它自身的$\frac{1}{4}$，或用被乘数的$\frac{1}{2}$再加上被乘数的$\frac{1}{2}$的$\frac{1}{2}$。

14.6 乘数是15、125、75

⑰乘数为15时，因为$15=10\times1\frac{1}{2}$，所以口算的时候可以把乘以15当成先乘以10，再乘以$1\frac{1}{2}$。

例：$18\times15=18\times1\frac{1}{2}\times10=270$，

$45\times15=450+225=675$。

⑱乘数为125时，因为$125=100\times1\frac{1}{4}$，所以口算的时候可以把乘以125当成先乘以100，再乘以$1\frac{1}{4}$。

例：$26\times125=26\times100\times1\frac{1}{4}=2\ 600+650=3\ 250$，

$47\times125=47\times100\times1\frac{1}{4}=4\ 700+\frac{4\ 700}{4}=4\ 700+1\ 175=5\ 875$。

⑲乘数为75时，因为$75=100\times\frac{3}{4}$，所以口算的时候可以把乘以75当成先乘以100，再乘以$\frac{3}{4}$。

例：$18\times75=18\times100\times\frac{3}{4}=1\ 800\times\frac{3}{4}=\frac{1\ 800+900}{2}=1\ 350$。

这里的计算过程若用⑥中介绍的方法则更为简便：

$$18\times15=90\times3=270,$$

$$26\times125=130\times25=3\ 250。$$

14.7 乘数是 9 和 11

⑳ 乘数为 9 时，口算的时候先把被乘数乘以 10，再减去被乘数本身。

例：$62 \times 9 = 620 - 62 = 600 - 42 = 558$，

$73 \times 9 = 730 - 73 = 700 - 43 = 657$。

㉑ 乘数为 11 时，口算的时候先把被乘数乘以 10，再加上被乘数本身。

例：$87 \times 11 = 870 + 87 = 957$。

14.8 除数是 5、$1\frac{1}{2}$、15

㉒ 除数为 5 时，口算的时候先把被除数乘以 2，再除以 10。

例：$68 \div 5 = \frac{136}{10} = 13.6$，

$237 \div 5 = \frac{474}{10} = 47.4$。

㉓ 除数是 $1\frac{1}{2}$ 时，口算的时候先把被除数乘以 2，再除以 3。

例：$36 \div 1\frac{1}{2} = 72 \div 3 = 24$，

$53 \div 1\frac{1}{2} = 106 \div 3 = 35\frac{1}{3}$。

㉔ 除数是 15 时，口算的时候先把被除数乘以 2，再除以 30。

例：$240 \div 15 = 480 \div 30 = 48 \div 3 = 16$，

$462 \div 15 = 924 \div 30 = 30\frac{24}{30} = 30\frac{4}{5} = 30.8$。

14.9 平方的解法

㉕ 以5结尾的数的平方怎么计算呢？只要用十位数上的数字乘以比它大1的数字，再在得出的结果后面添上25。例如要计算85的平方，就要用8×（8＋1）＝72，再在这个结果后面添上25，那么85的平方就是7 225。

例：252：2×3＝6，结果为625。

452：4×5＝20，结果为2025。

1452：14×15＝210，结果为21 025。

这个方法的依据就是下面这个公式：

$$(10x+5)\ 2=100x^2+100x+25=100x\ (x+1)+25。$$

㉖ 用5结尾的小数的平方值也可以用上述公式计算：

例：8.52＝72.25；14.52＝210.25

0.352＝0.1225；……

㉗ 因为 $0.5=\frac{1}{2}$，$0.25=\frac{1}{4}$，所以以 $\frac{1}{2}$（0.5）结尾的数的平方也可以用㉕中介绍的方法来计算：

例：$(8\frac{1}{2})\ 2=72\frac{1}{4}$，

$(14\frac{1}{2})\ 2=210\frac{1}{4}$；……

㉘ 用下面这个公式可以更快速的口算出一个数的平方：

$$(a\pm b)\ 2=a^2+b^2\pm 2ab。$$

例：

$$41^2=40^2+1+2\times 40=1\ 601+80=1\ 681,$$

$$69^2=70^2+1-2\times 70=4\ 901-140=4\ 761,$$

$$36^2=(35+1)^2=1\ 225+1+2\times 35=1\ 296。$$

口算尾数为1、4、6、9的数的平方时，用这个公式也很简便。

14.10 利用公式 $(a+b)\times(a-b)=a^2-b^2$ 口算

㉙ 口算 52×48 时，可以把这个算式写成（50 + 2）（50 − 2），那么：

（50 + 2）（50 − 2）= 50^2-2^2 = 2496。

两个数相乘，一个乘数可以转换成两个数的和，另一个乘数正好可以转换成这两个数的差，那么就能用这个公式进行口算：

$$69\times71=(70-1)\times(70+1)=4\,899,$$

$$33\times27=(30+3)\times(30-3)=891,$$

$$53\times57=(55+2)\times(55-2)=3021,$$

$$84\times86=(85-1)\times(85+1)=7224,$$

㉚ 上述方法也可以用于下面几种算式的口算：

$7\frac{1}{2}\times6\frac{1}{2}=(7+\frac{1}{2})\times(7-\frac{1}{2})=48\frac{3}{4}$，

$11\frac{3}{4}\times12\frac{1}{4}=(12-\frac{1}{4})\times(12+\frac{1}{4})=143\frac{15}{16}$。

14.11 记住 37×3 = 111

记住 37×3 = 111 这个算式，它能在你口算 37 乘以 6、9、12 等时帮上你大忙：

37×6 = 37×3×2 = 222，

37×9 = 37×3×3 = 333，

37×12 = 37×3×4 = 444，

37×15 = 37×3×5 = 555，…

记住 $7\times 11\times 13=1\ 001$ 这个算式，它能在很多算式的口算中帮上你的忙：

$77\times 13=1\ 001$，

$77\times 26=2\ 002$，

$77\times 39=3\ 003$，…

$91\times 11=1\ 001$，

$91\times 22=2\ 002$，

$91\times 33=3\ 003$，…

$143\times 7=1\ 001$，

$143\times 14=2\ 002$

$143\times 21=3\ 003$，…

本章里介绍的都是心算乘法、除法和计算平方时用到的最简单的方法，你也可以尝试着寻找其他方法，使计算过程变得更加简便。

第15章

幻方

15.1 最简单的幻方

幻方也叫魔方，是一种古老而神奇的数学游戏。它的游戏规则是把从1开始的一连串数字放到一个正方形的方格中，使这个正方形中每一行、每一列和两条对角线上的数字之和都相等。

最简单的幻方只有9个小方格，而4个小方格组成的幻方是不存在的，你应该能想出原因。下面是由9个小方格组成的幻方：

4	3	8
9	5	1
2	7	6

图15–1

在这个幻方中，任意一横行、一竖列、对角线上的数字加起来的和都是15：$4+3+8=2+7+6=3+5+7=4+5+6=15$，你可以看出，这个幻方中的数字包含了从1到9的九个数字，这九个数字之和为：

$$1+2+3+4+5+6+7+8+9=45。$$

这些数字之和应该是其中一行或一列数字之和的3倍。所以每行或每列数字之和为：

$$45\div 3=15。$$

用这个方法就能计算出任意大小的幻方的每一行或列的数字和，所以我们首先要知道数字的和与幻方的行数。

15.2 幻方的变种

你构造好一个幻方后，轻而易举就能得到很多新的幻方，这就是它的变种。如图 15−2 所示，假如这是我们构造好的一个幻方，在头脑中把它进行 90° 旋转，就得到了如图 15−3 所示的一个新的幻方。

6	1	8
7	5	3
2	9	4

图 15—2

8	3	4
1	5	9
6	7	2

图 15—3

再把这个新的幻方进行 180° 和 270° 的旋转，又得到两个初始幻方的两个变种。

每一个变种都能继续变化，得到的新的幻方就像是在镜中的影子。

如图 15−4 所示，这是一个幻方，另一个则是它在镜子中反射得到的新的幻方。

把一个由 9 个小方格组成的幻方进行旋转和反射，会得到哪些变种呢？如图 15−5 所示，这是由从 1 － 9 这九个数字填满的 9 个小方格组成的所有幻方。

6	1	8
7	5	3
2	9	4

2	9	4
7	5	3
6	1	8

图 15—4

6	1	8
7	5	3
2	9	4

1

8	1	6
3	5	7
4	9	2

2

2	7	6
9	5	1
4	3	8

3

6	7	2
1	5	9
8	3	4

4

4	9	2
3	5	7
8	1	6

5

2	9	4
7	5	3
6	1	8

6

8	3	4
1	5	9
6	7	2

7

4	8	8
9	5	1
2	7	8

8

图 15–5

15.3 巴歇[①]的幻方结构与算法

有一种幻方是由奇数阶构成的，就是说，构成幻方的方格数是奇数，如 3×3，5×5，7×7 等，17 世纪时，法国数学家巴歇发现了这个方法，这个方法适用于 9 个方格组成的幻方，那么我们就来用巴歇方法来构造一个最简单的幻方。

画一个由 9 个小方格组成的正方形（图 15–6），在斜着的三行小方格中

①克劳德–加斯帕·巴歇·德·梅齐里亚克（Bachet de Meziriac，1581 – 1638）是 17 世纪法国数学家，是论述连分式不定方程组的第一人，最早发现了“裴蜀定理”。

写下 1 － 9 这 9 个数字。

把正方形之外虚线框里的数字填到它对面的方格里，并使它们仍然在原来的行或列中，完成之后就是图 15-7 的样子。

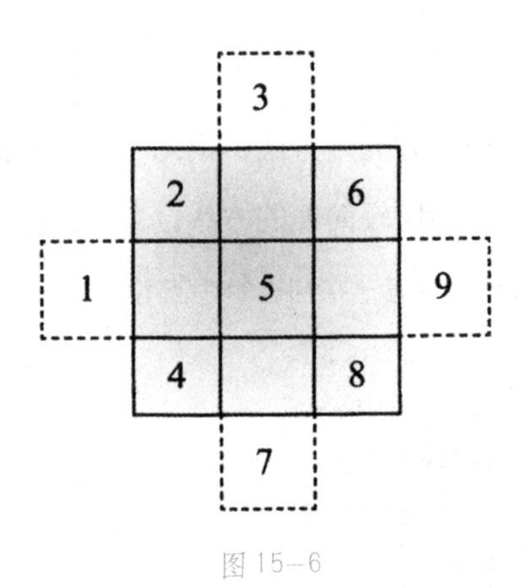

图 15-6

2	7	6
9	5	1
4	3	8

图 15-7

如图 15-8 所示，用巴歇方法构造一个 25 个小方格的幻方。

接下来把正方形外虚线框内的数字移到正方形框内的空白小方格中，就得到了如图 15-9 所示的由 25 个小方格组成的幻方。

这个方法十分简单，但它的原理却非常复杂，如果你怀疑它的准确性，可以通过实践来验证。

构造出这个幻方后，就可以通过转动和反射，得到它的变种。

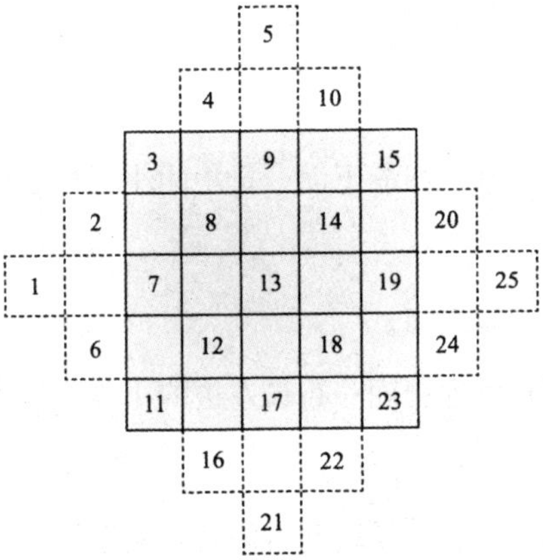

				5				
			4		10			
		3		9		15		
	2		8		14		20	
1		7		13		19		25
	6		12		18		24	
		11		17		23		
			16		22			
				21				

图 15-8

3	16	9	22	15
20	8	21	14	2
7	25	13	1	19
24	12	5	18	6
11	4	17	10	23

图 15-9

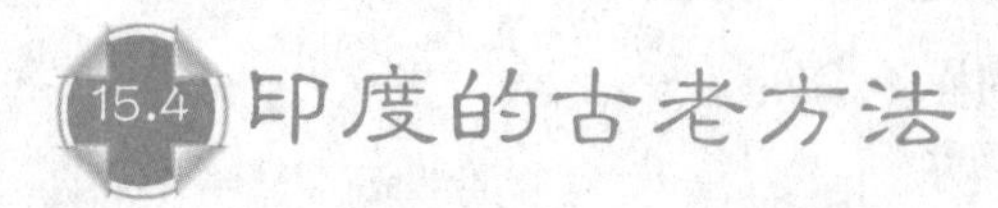

15.4 印度的古老方法

巴歇方法又名阶梯法，是构造奇数方格幻方的好方法，但却不是唯一的方法。据说，古代的印度人在公元前发明了一种比较简便的方法，它的方法可以分为6个步骤，掌握这6个步骤后，尝试着构造一个49个小方格的幻方（图15–10）。

30	39	48	1	10	19	28
38	47	7	9	18	27	29
46	6	8	17	26	35	37
5	14	16	25	34	36	45
13	15	24	33	42	44	4
21	23	32	41	43	3	12
22	31	40	49	2	11	20

图 15–10

①在最上面一行的中间小方格中填上1，在最下面一行中间小方格右侧的小方格中填上2。

②随后的数字按右上的对角线方向依次填写。

③这条斜对角线小方格填完后，就转到它上面一行最左边的小方格按右上的对角线方向依次填写。

④按上述方法填写到正方形最上面一行时，就转到右侧一列最下面一行的小方格中继续填写。

注：右侧最上行顶角格子填写完后，转到左下角格子中继续填写。

⑤如果填写到已经有数字的小方格时，就转到最后一个被填写的小方格下面的小方格继续填写。

⑥如果最后填写的数字在最后一行，就转到这一列最上面的小方格继续填写。

按这 6 个步骤填写，就能迅速构造出一个由任意奇数个方格组成的幻方了。

如果组成幻方的小方格数目不能被 3 整除，就不用按上述第①步骤的方法构造幻方。可以在从最左列中间方格和最上行中间的方格构成的对角线中的任何一个方格内填写上 1，填写其他数字的方法和②－⑤一样。

按照印度方法，可以做出好几个不同的幻方，如图 15-11 所示，这就是用印度方法构造的由 49 个小方格构成的幻方。

32	41	43	3	12	21	23
40	49	2	11	20	22	31
48	1	10	19	28	30	39
7	9	18	27	29	38	47
8	17	26	35	37	46	6
16	25	34	36	45	5	14
24	33	42	44	4	13	15

图 15-11

15.5 有偶数个小方格的幻方

到现在为止，还没有什么简便的方法适用于构造偶数个小方格构成的幻方。只有方格数可以被 16 整除的幻方，就是说，一边上的方格数是 4 的倍数的幻方才有比较简便易行的构造方法。

如图 15−12 所示，图中用 × 符号和○符号表示这两对相互对称的方格。

			×		
○					
					○
		×			

图 15−12

如果一个方格是上数第二行左起第四个，那么和它对称的方格就是下数第二行，右起第四个，如果你有兴趣，可以再试着找出几对相互对称的方格。你有没有发现，对角线上的方格都是相互对称的。

下面我们来介绍偶数个小方格的构造方法，以 64 个小方格的幻方为例，如图 15−13 所示，先把数字 1 − 64 填到方格中。

在这个幻方中，两个对角线上的数组的和相等，都是 260，如果你不相信，可以验证一下。

这个正方形的行和列的数组和是不相等的，最上面一行的数组和是 36，比要求的和小 260 − 36 = 224；最下面一行的数组和是 484，比要求的和大了

1	2	3	4	5	6	7	8
9	10	11	12	13	14	15	16
17	18	19	20	21	22	23	24
25	26	27	28	29	30	31	32
33	34	35	36	37	38	39	40
41	42	43	44	45	46	47	48
49	50	51	52	53	54	55	56
57	58	59	60	61	62	63	64

图 15–13

$484 - 260 = 224$，仔细观察你会发现，最下面一行方格中的每一个数字都比它们同一列中最上面一行的数字大 56，而 $224 = 4 \times 56$，由此可以得知，如果把第一行中的四个数字和同列中最下面一行的数字位置互换，比如说把 1、2、3、4 和 57、58、59、60 互换位置，这两行自身组数和就相等了。

与此同时，还要保证每一列的数组和为 224，在这里，也可以通过互换位置来达到目的。但各行数字的位置已经调换了，问题就不那么简单了。

用下面这个方法，可以帮你更快的找到需要调换位置的数字，首先要把相互对称的数字互换位置，而不是置换各行和各列的数字，但只凭这一点还不行，我们知道了不是把所有的数字都换位置，而是把相互对称的数字互换位置，其他的数字则原地不动，但应该把哪些互相对称的数字互换呢？

解法如下：

①如图 15–14 所示，把这个幻方分成 4 个正方形。

②在左上角的小正方形中，标记上 × 符号的小方格达到半数，而每行每列中都有一半的小方格被标记上 × 符号（图 15–14）。

1×	2	3	4×	5×	6	7	8×
9×	10×	11	12	13	14	15×	16×
17	18×	19×	20	21	22×	23×	24
25	26	27×	28×	29×	30×	31	32
33	34	35	36	37	38	39	40
41	42	43	44	45	46	47	48
49	50	51	52	53	54	55	56
57	58	59	60	61	62	63	64

图 15–14

③在右上角的小正方形的方格中与左上角小正方形中的标记对称标出 × 符号。

再把标记上 × 符号的小方格中的数字互换位置。

如图 15–15 所示，这就是我们构造出来的有 64 小方格的幻方。

还有很多可以对左上角内小方格进行标记，同时又满足上述步骤②的方法。

64	2	3	61	60	6	7	57
56	55	11	12	13	14	50	59
17	47	46	20	21	43	42	24
25	26	38	37	36	35	31	32
33	34	30	29	28	27	39	40
41	23	22	44	45	19	18	48
16	15	51	52	53	54	10	9
8	58	59	5	4	62	63	1

图 15–15

如图15–16所示，你也能找出很多调换左上角小正方形内方格的位置的方法。

接下来的方法按上述③、④步骤进行，还能得到几个不同的有64个小方格的幻方。

用这个方法就能快速简便地构造12×12、16×16个小方格的幻方了，你可以自己尝试做一做。

	×	×	
×	×		
×			×
		×	×

1

	×	×	
×			×
×			×
	×	×	

2

×			×
	×	×	
	×	×	
×			×

3

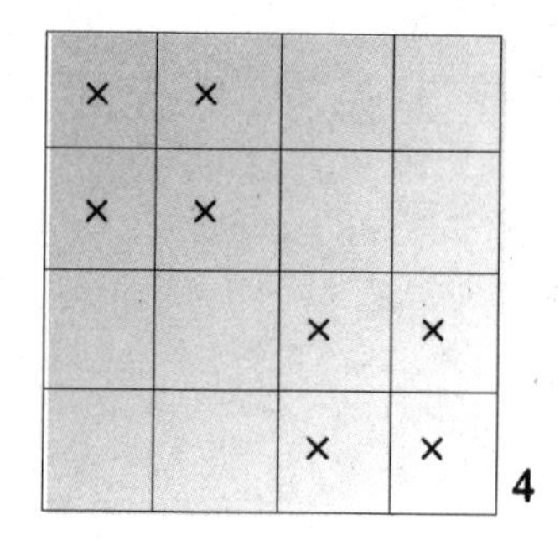

4

图 15–16

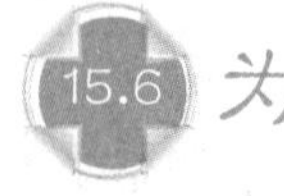

为什么叫幻方？

四五千年前的古代书籍中，第一次有了关于幻方的记载。

古印度人对幻方有着深厚的兴趣，后来又传到了阿拉伯，在阿拉伯人眼里，幻方是非常神秘的。

在中世纪的西欧，炼金术、占星术等伪科学的代表人掌握着幻方。正因为幻方沾染着古老迷信思想，所以又叫“魔方”。占星师和炼金师认为魔方有神奇的作用，会把它带在身上当作护身符用。

构造幻方并不是为了游戏之用，它其中包含着很多数学研究的成果。它的理论也被应用到数学问题的求解中，比如说求解多元方程。

第16章

一笔画

16.1 柯尼斯堡的七座桥

有一次，天才数学家欧拉对一道特殊的问题产生了深厚的兴趣：

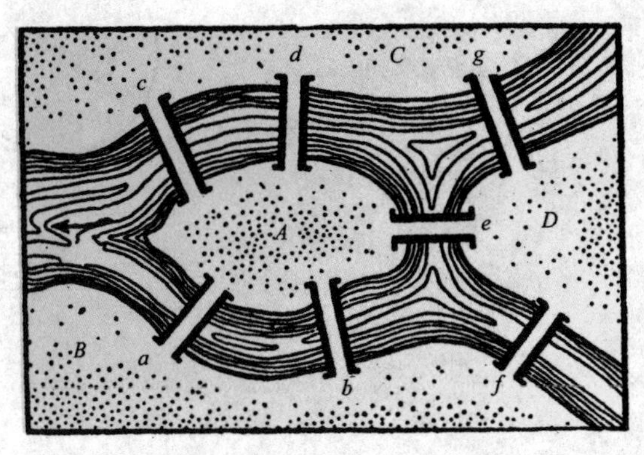

图 16—1

"柯尼斯堡[①]有一个小岛，名叫内服夫，它被两条河流环绕（图 16-1），在这两条河流上有 a、b、c、d、e、f、g 七座桥。

能不能不重复经过任何一座桥而走完所有的桥呢？

有的人认为这根本不可能做得到，但有的人却认为可以。"

你认为呢？

解 欧拉对柯尼斯堡的七座桥的问题进行了深入的研究，1736 年，他把对这个问题的研究成果提交给了彼得堡科学院。这个论文的开头就确定了类似问题所属数学的领域：

"在古代，数学天才们就仔细研究过几何学中测量大小及方法，莱布尼兹首先提出了这个领域之外名为'位置几何'的一个领域。这一领域不是研究图

①即现在的加里宁格勒市。

形的大小和尺寸[①]，而是研究它们各部分之间相对的分布次序。

我不久前知道了'位置几何'的问题，现在，我要用我发现的方法来解答这个问题。"

欧拉在论文中提到的问题指的就是柯尼斯堡上的七座桥的问题。

在这里，我们就不介绍欧拉对这个问题的论证过程了，而是要介绍他对这个问题的简要思路和最终结论。他认为，是不可能不重复经过任何一座桥而走完所有的桥的。

如图 16-2 所示，这是替换支流的直观分布图。在上述问题中，小岛的面积和桥的长度根本没有意义（这就是拓扑学的特点：它研究的问题与图形的大小没有关系。）

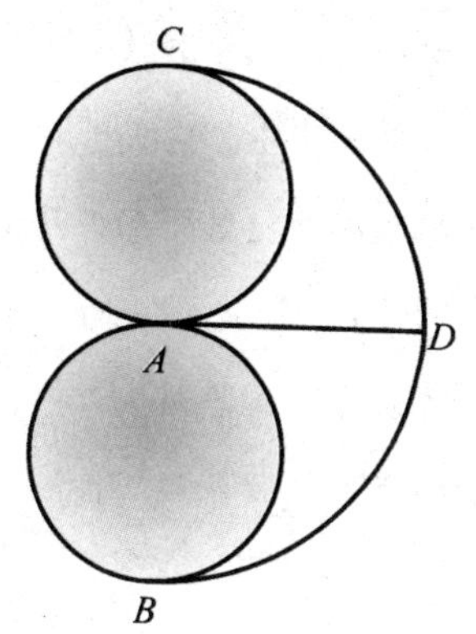

图 16-2

所以，在这个简化图中，用 A、B、C、D 来代表道路交汇处。也就是说，这个问题现在已经被简化为看图 16-2 中的图形是否能够一笔画就的问题。

这个图形是无法一笔画就的，为什么呢？请看，按照问题的要求，应该沿着一条路走过 A、B、C、D 四处，再沿另一条路离开，除去起点和终点，也就是说，想要把这个图形一笔画就，需要在所有除起点和终点的交叉点上分别

①这一领域现在在高等数学中被称为"拓扑学"，是一门广泛的数学科学，本章中提到的问题只是拓扑学中的一小部分。

汇聚两条或四条路，总之必须是偶数条路，可在图中，A、B、C、D 四个点汇聚的线条都是奇数，所以，这个图形是无法一笔画就的，也就是说，柯尼斯堡的七座桥是无法按题目中要求的方法走完的。

16.2 七个图形

题

下面图中的7个图形，你能否在笔尖不离开纸，且不画多余的线条、一条线也不重复画两次的情况下，把它们画出来。

理论：在画出图16-3中的几个图形时你会发现，有的图形不管从哪个点开始画起都能一笔画出来，可有的图形只能从特定的点画起才能画出来，还有的图形不管从哪个点出发都无法画出来。它们为什么会有这样的区别呢？是不是有什么标志，可以在画之前就能看出某个图形是否具备一笔画就的特点，如果它具备，应该从哪个点画起呢？

对于这个问题，我们已经有了理论答案：

汇聚的线条数目为偶数的点为“偶数点”，汇聚的线条数目为奇数的点为“奇数点”。

不管是什么样的图形，只要它没有奇数点，比如：2个、4个、6个，都

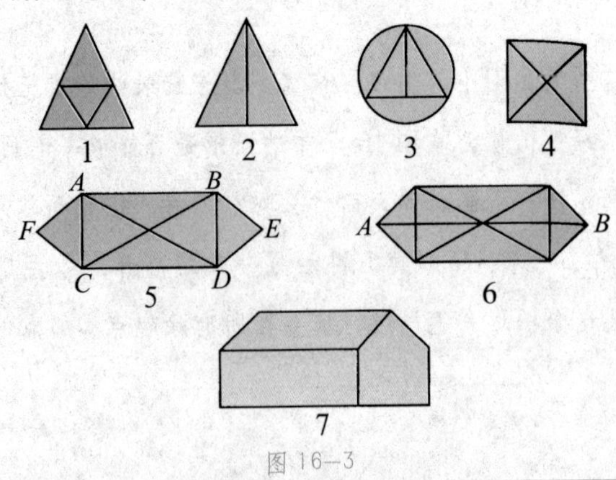

图16-3

可以一笔画就，从哪个点出发都行。例如图 16-4 中的图形 1 和图形 5，就属于这种情况。

如果图形中只有一对奇数点，那么从任何一个奇数点开始画，都以将图形一笔画就，而且，是从第一个奇数点出发，到另一个奇数点停笔的。图 16-4 中的图形 2、图形 3 和图形 6 都是这一类，在图形 6 中，应该从 A 点或 B 出发开始画。

如果一个图形有一对以上的奇数点，就无法将它一笔画就。例如图 16-4 中的图形 4 和图形 7，它们都有两对奇数点。

按照上述方法，就可以在画之前分辨出哪些图形无法一笔画就，哪些能，并能看出从哪一点出发开始画。对此，B·阿伦斯教授总结出了如下规律："要先认为给定图形的线条不存在，在画下一条线时，如果把这条线从图中抹去，图形仍然是完整的。"

以图形 5 为例，按路线 ABCD 开始画，若先画 DA，那么只有 ACF 和 BDE 没有画，但这两个图形之间是不相连的，所以说，画完了 AFC 后，就无法再画 BDE 了，所以，如果先画 ABCD，接着就无法画 DA，应该画 DBED，再沿着 DA 画图形 AFC。

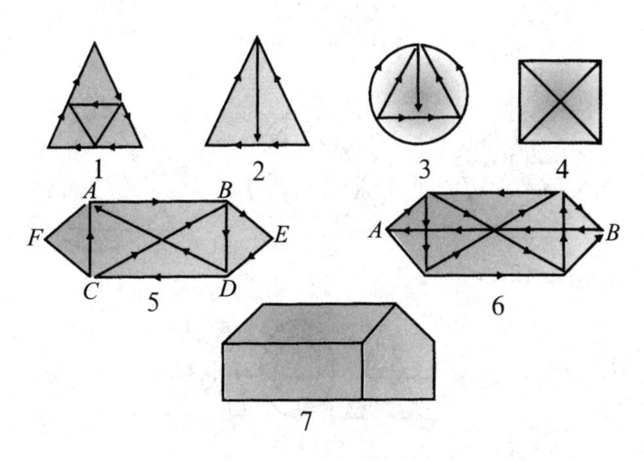

图 16-4

请将下列图形一笔画出：

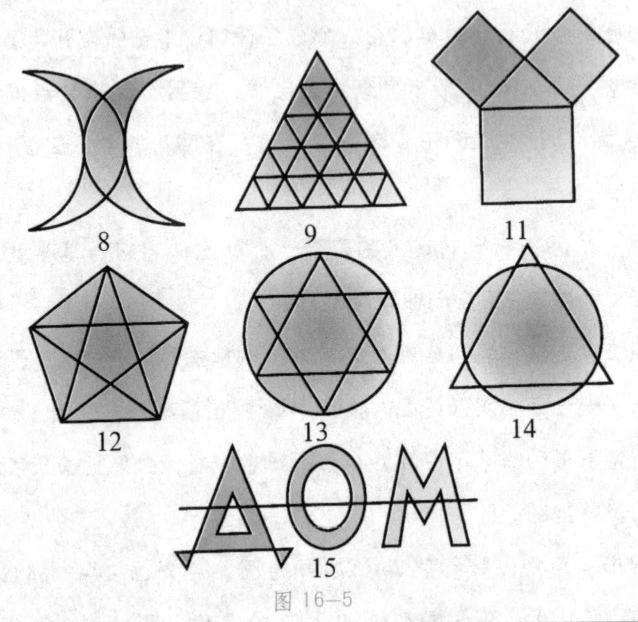

图 16-5

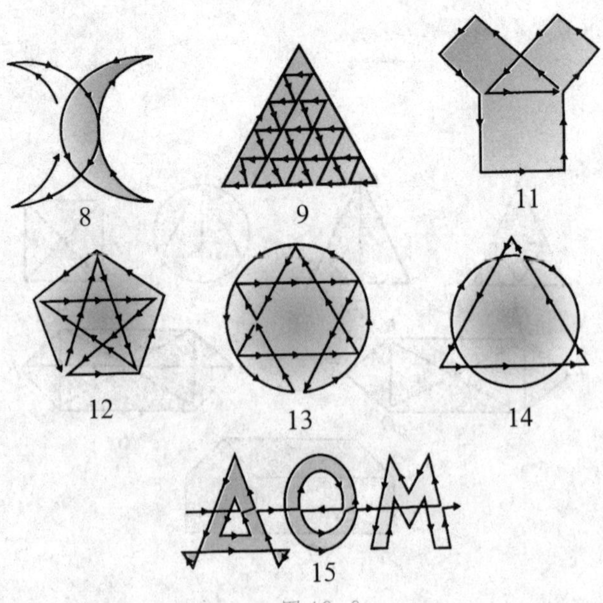

图 16-6

16.3 圣彼得堡的17座桥

题

最后来看这样一道经典题：如图所示，这是圣彼得堡地区的17座桥，要通过这17座桥，但每一座桥都不能重复走两次。它和柯尼斯堡的7座桥不同，这17座桥是可以按要求走完的。你可以尝试着解决这个问题。

图 16–7

图 16–8

第17章

有趣的几何难题

17.1 大车的问题

题 为什么大车的前轴和后轴相比，更易磨损和抛锚？

解 这道题乍看上去与几何没有任何关系，但是要在看似无关的表象下发现几何的本质。如果没有几何知识，这道题是无法解出的。

为什么大车的前轴比后轴更容易磨损呢？前轮比后轮小，行驶过同样的距离时，小圆比大圆旋转的圈数要多，所以说，行驶的时候大车的前轮比后轮转的圈数更多，磨损自然也更厉害。

17.2 有几个面？

题 你知道六棱铅笔一共有多少个面吗？也许你会觉得这个问题很幼稚，但仔细想想，你会发现这个问题其实非常复杂。

解 其实这个问题是在纠正你的日常错误，你一定认为六棱铅笔一共有6个面，其实事实并非如此，它有更多的面。一支没被削的铅笔一共有8个面：6个侧面加两个“笔端面”。如果它只有6个面，它应该是一个矩形柱体铅笔。

我们平时只习惯于数侧面，而忽略了它的底面。我们平时总说“三棱镜”、“四棱镜”，其实应该用它们的底面形状来命名：“三角棱镜”、“四角棱镜”。三棱镜，应该是有三个面的棱镜，这样的棱镜是不存在的。

所以说，“六棱铅笔”的叫法是错的，应该叫“六角铅笔”。

17.3 怪异的图形

题 你能看出图 17-1 中画的是什么吗？这些图形都是根据实物画出来的，但要猜出它们是什么东西，仍然是件难事。因为在绘图时，我们都把这些物品进行了转动，这就使你更不容易猜出来了，你可以尝试着猜一猜。

提示你一下，这些都是平时经常见到的东西。

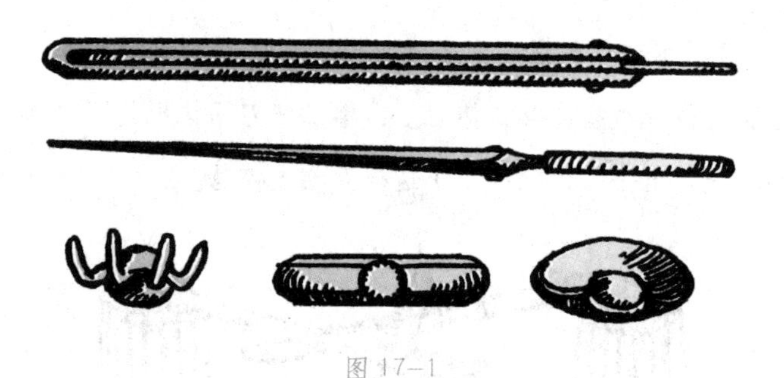

图 17-1

解 图中的物品是：剃须刀，剪刀，叉子、怀表、勺子。我们平时观察物品时，都是以垂直的角度，看到的是它们的平面景象，图中是这些物品经过不同角度转动后的模样，你就认不出来了吧？

17.4 杯子和水果刀

题 如图 17-2 所示，桌上扣放着三个杯子，两个杯子之间放着刀子，它们彼此间的距离比刀子的长度稍长。要求不移动杯子，也不使用除杯子和刀子以外的物品帮忙，你能用这三把刀子搭成一座把这三个杯子连在一起的小桥吗？

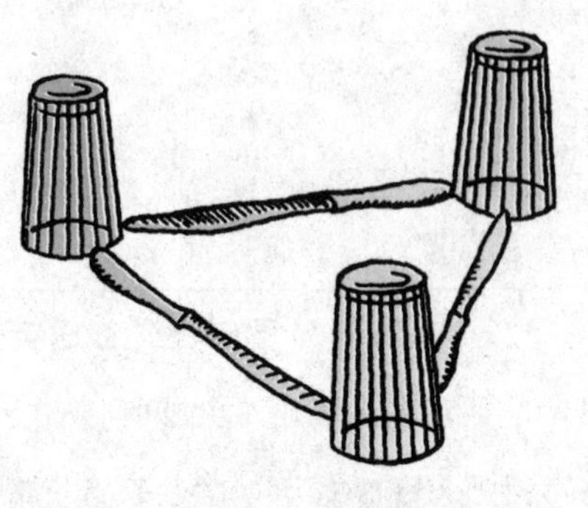

图 17-2

解 如图 17-3 所示，这样摆放刀子就可以完成题目的要求了：第一把刀的一端搭在杯子上，另一端搭在第二把刀上，第二把刀同样也是一端搭在杯子上，一端搭在第三把刀上……使三把刀子这样互相支撑着。

图 17-3

17.5 堵上三个孔的塞子

题 如图 17-4 所示，在一块木板上挖六排孔，每排三个孔，用一块木料做出一个能把一排上的三个孔都堵上的塞子。

对于第一排来说，这个要求并不难，图中那个长方块就可以。而要做出其余5排上的塞子就不那么简单了。其实做过图纸的人都应该知道：只要按这些孔的投影来做塞子就可以了。

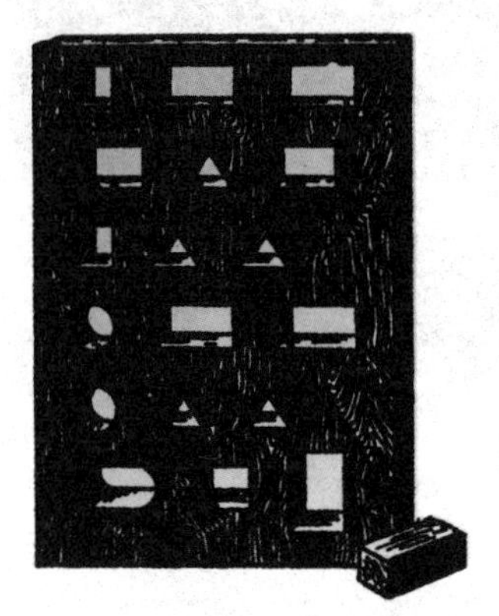

图 17–4

解 如图 17–5 所示，这就是符合题目要求的塞子。

图 17–5

17.6 奇形怪状的塞子

题 如图 17–6 所示，一块木板上有正方形、三角形和圆形的三个孔。能不能做一个能堵住所有孔的塞子？

图 17–6

解 如图17–7所示，这就是题目中需要的塞子。它可以把正方形、三角形和圆形的孔都堵上。

图17–7

17.7 第二个塞子的问题

题 如图17–8所示，如果你已经成功解决了上一道题，那么你能试着做出能堵上这些孔的塞子吗？

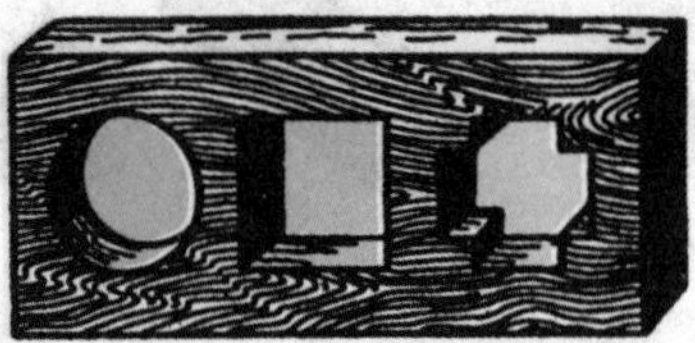

图17–8

解 如图17–9所示，这就是题目中需要的塞子，它把图中圆形、正方形和十字形的孔都堵上。

图17–9

17.8 第三个塞子的问题

如图 17-10 所示，有没有一个塞子，能把这三个孔堵上？

图 17—10

解 如图 17-11 所示，这就是符合题目要求的塞子。

绘图员经常做这样的题目，他们都是根据部件的三个投影确定它的形状的。

图 17—11

17.9 哪个杯子容量大？

题 如图 17-12 所示，第一个杯子比第二个杯子高两倍，第二个杯子则比第一个杯子宽 $1\frac{1}{2}$ 倍，那么，哪一个杯子的容量更大？

解 如果一个杯子比另一个杯子宽 $1\frac{1}{2}$ 倍，但高度相同时，那么它的容量则比另一个杯子的容量大 $(1\frac{1}{2})^2$ 倍，就是$2\frac{1}{4}$倍，事实上，这个杯子只比另一个杯子矮$\frac{1}{2}$，所以矮杯子的容量更大。

图 17—12

17.10 两口锅

题

有两口锅，它们的形状相同，锅壁的厚度也相同，第一口锅的容量是第二口锅容量的8倍。

那么，第一口锅的重量是第二口锅的几倍呢？

解 这两口锅是相似的几何体，已知第一口锅的容量比第二口锅大8倍，那么它的长、宽、高就比第二口锅大2倍。所以，它的表面积就比第二口锅大4倍，由于这种物体的表面相当于同尺寸的方形，已知锅壁厚度相同，那么锅的重量就取决于表面积的大小了。正确答案是：大锅的重量比小锅重4倍。

17.11 四个实心立方体

题

如图17-13所示，这是四个实心立方体，它们的材质相同，高度依次为6厘米、8厘米、10厘米和12厘米。把它们放在天平上，要使天平的两端平衡。

你要怎样在天平的一端和另一端上摆上这些立方体呢？

图 17—13

解 它们的体积关系经计算可得：

63 + 83 + 103 = 123。就是：216 + 512 + 1000 = 1728。

所以说，应该把三个较小的立方体放在天平的一端，把最大的立方体放在天平的另一端。这时，天平的两端质量相同。

17.12 半桶水

题 往一个开口的大桶里倒水，倒到快一半时，你想确定桶里的水多于一半还是少于一半，但没有测量工具，这时你应该怎样确定桶里的水是否装到一半了呢？

解 如图 17−14 所示，最简单的方法就是把桶倾斜，使水到达桶边，如果这时，你还能看到桶底，那么桶里的水就不到一半；如果桶底在水面以下，那么桶里的水就多于一半；如果桶底的边缘正好在水面上，那么桶里的水正好是一半。

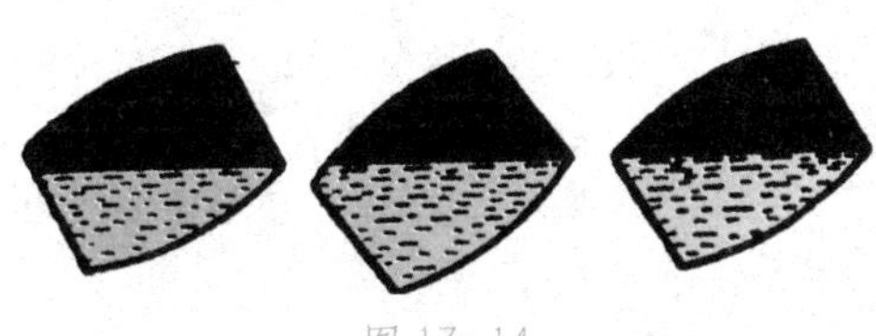

图 17—14

17.13 哪个盒子更重?

如图17-15所示，这是两个正方体盒子，它们的大小相同，左边的盒子里放着一个直径与盒子的高度相等的大铁球，右边的盒子里整齐地装满了小铁球。

哪个盒子更重呢?

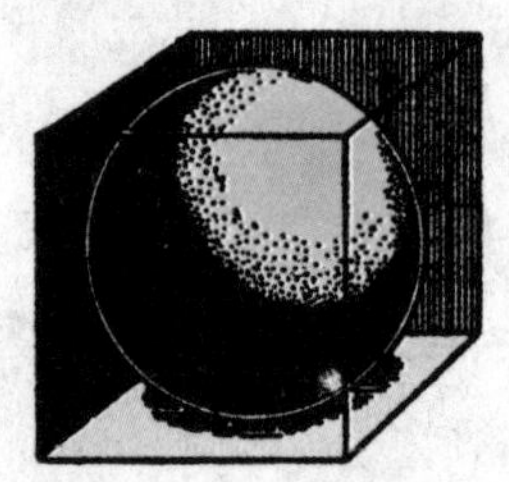
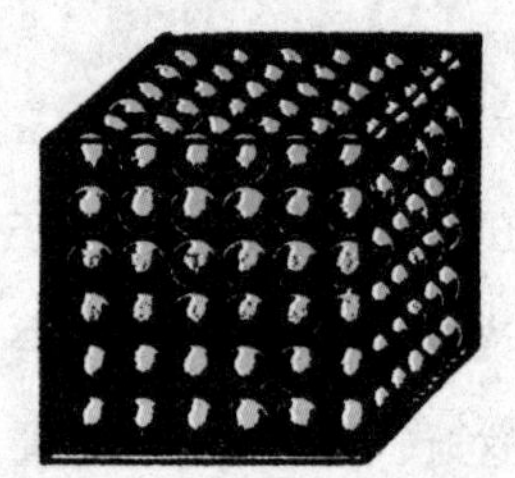

图17-15

解 可以把右边的立方体看作是由许多小立方体组成的，在每个小立方体中放进小球，那么大球在大立方体中所占的空间比例等于小球在小立方体中所占的空间比例。

小球和小立方体的数目可以知道：$6\times6\times6=216$。这216个小球占小立方体的比例和一个小球占一个小立方体的比例相同，也就和一个大球占一个大立方体的比例相同，所以说，两个盒子是一样重的。

17.14 三条腿的桌子会晃吗?

有人认为，三条腿的桌子非常稳，就算三条腿不一样长桌子也不会晃的。这种观点正确吗?

正确。三点确定一个平面，所以说，三条腿的桌子底端的三个点总能碰到地面，而且只能确定一个平面，所以这样的桌子不会晃，不要认为这道题是道物理题，你看到了，它是一道几何题。

正是由于三条腿桌子的这个特点，所以土地测量仪器和摄像机通常是使用三条腿的支架的，而不会使用四条腿的，因为如果地面不平坦时，四条腿就会晃，虽然多了一条腿，却不会使支架更加稳固。

17.15 数数图中的矩形

如图 17-16 所示，你知道这个图形中一共有多少个矩形吗？

请注意看题，题目中问的是有多少个矩形，而不是正方形，不管这个矩形是大还是小。

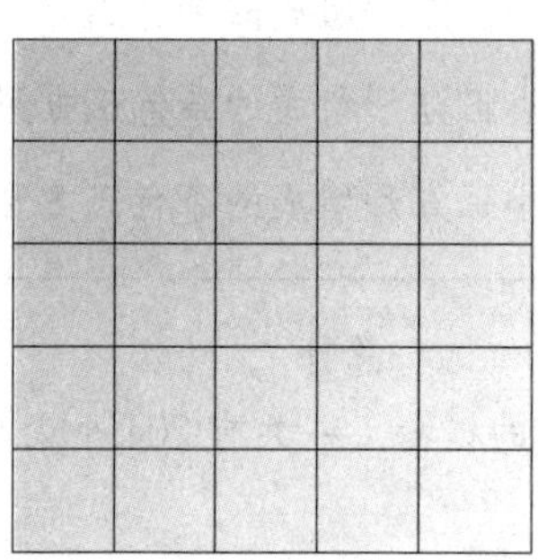

图 17-16

图中大小不同的矩形一共有 225 个。

17.16 棋盘

在国际象棋的棋盘上，你能数出多少个大小不同的正方形？

解 不要认为在国际象棋的棋盘上只有64个小正方形，其实除了这64个小正方形以外，还有由4个、9个、16个、25个、36个、49个和64个小正方形组成的杂色的正方形，它们的数量可以计算出来：

单个小正方形	64
由4个小正方形组成的杂色正方形	49
由9个小正方形组成的杂色正方形	36
由16个小正方形组成的杂色正方形	25
由25个小正方形组成的杂色正方形	16
由36个小正方形组成的杂色正方形	9
由49个小正方形组成的杂色正方形	4
由64个小正方形组成的杂色正方形	1
总计	204

所以说，国际象棋的棋盘上一共有204个大小不同的正方形。

17.17 玩具砖块的重量

题 建筑用砖的重量是4千克，玩具砖块和建筑用砖的材质相同，长宽高是建筑用砖的$\frac{1}{4}$，那么玩具砖的重量是多少呢？

解 如果你认为玩具砖的长宽高是建筑用砖的$\frac{1}{4}$，所以它的重量是1千克那就错了。玩具砖的长、宽、高分别都是建筑用砖的$\frac{1}{4}$，所以说，它的体积和重量应该是建筑用砖的$\frac{1}{4}\times\frac{1}{4}\times\frac{1}{4}=\frac{1}{64}$。

所以，玩具砖块的重量应该是：$4\,000\times\frac{1}{64}=62.5$克。

17.18 巨人与侏儒

身高为2米的巨人的体重比身高为1米的侏儒重几倍？

解 你已经成功地解答了上道题，那么这道题对你来说也就不难了。两个人的身形相似，巨人的身高是侏儒的2倍，所以他的体积和重量应该是侏儒的8倍。

据资料记载，世界上最高的人身高为275厘米，比普通人高出了一米，而世界上最矮的人还不到40厘米，他的身高只有巨人身高的$\frac{1}{7}$。所以，如果让他们站在天平上，天平的一端站一个巨人，那么天平的另一端就要站上$7\times7\times7=343$个侏儒，天平才能平衡。

17.19 绕着赤道走一圈

题 如果沿着赤道绕地球走一圈，那么我们的头顶经过的距离比脚走过的距离长多少呢？

解 假设人的身高为175厘米，地球半径为R，那么：

$$2\times3.14\times(R+175)-2\times3.14\times R=2\times3.14\times175=1100\text{cm}$$

就是11米，这个结果与地球的半径一点关系也没有，和立方体中的大铁球与小铁球的问题一样，这让你很意外吧？

17.20 放大镜后面的事物

如图17-17所示，用4倍放大镜观察一个1.5°的角，这时角的度数是多大？

图 17–17

解 也许你会认为，这时角的度数应该是1.5° ×4＝6°，那你就错了。虽然是透过放大镜观察，但角的度数却没有改变，扩大的只是半径的长度，请看（图17–18）。

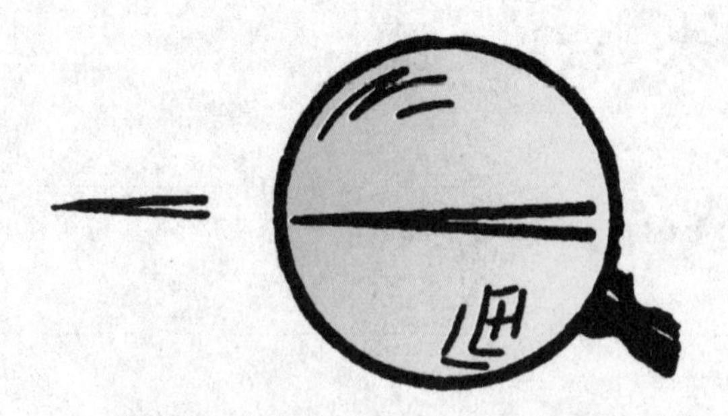

图 17–18

17.21 相似的图形

如果你知道几何相似图形，那么就可以回答下面这两个问题：

①如图17-19所示，看图中的这个三角形标示牌，里面的三角形和外面的三角形相似吗？

②如图17-20所示，看图中的这个画框，里面的四边形和外面的四边形相似吗？

图17—19

解 一般人都会认为这两道题的答案是：是的，它们是相似的。其实问题①中的两个三角形的确是相似的，但②中的两个四边形却不是相似的。三角形相似的条件很简单：只要三个角相等就可以了。在图形中，里面的三角形和外面的三角形的各边是平行的，所以两个三角形相似。而两个四边形只有角相等或只有边平行是不够的，还需要它们的边成比例。图中画框外面的四边形和里面的四边形只有都是正方形（总之是菱形）的时候，它们才是相似的，否则，只要外面的四边形和里面的四边形的边不成比例，它们就不是相似四边形。

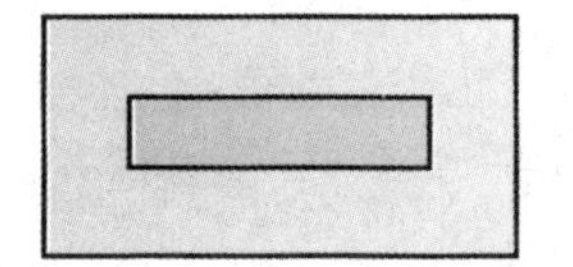

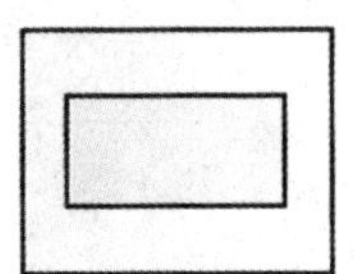

图17—20

看（图17-20），图中的长方形是不相似的。看左面的那个四边形：外面的长方形比例是4∶1，而里面的长方形的比例是2∶1。右图中外部的长方形的比例是3∶1，里面的长方形比例是2∶1。

17.22 塔有多高？

题 我们城市有一座著名的高塔，现在给你一张塔的照片，你能从中得知塔的高度吗？

解 想从照片中知道塔的实际高度，就要量出照片中塔的高度和底座长度。假设照片上塔的高度为95mm，底座长19mm。再假设测量出塔的底座的实际长度为14m。

测量完毕后，你要知道，塔的实际轮廓和在照片上的轮廓是相似的，所以，照片上塔的高度比底座长几倍，塔的实际高度就比它的实际底座长度长几倍。计算得出，照片上塔的高度与底座的比例为：95∶19，就是5，所以说，塔的实际高度是它的底座长度的5倍，已知底座长度为14m，所以塔高为：$14\times5=70$m。

在这里，请注意一点，不是所有的照片都能确定塔高，没有经验的摄影师拍出来的照片往往失真，无法准确地由照片计算出塔高。

17.23 得到的结果

题 把一平方米中包含的1毫米小方块一个挨一个直线展开，它形成的这个长条有多长？你能计算出来吗？

解 一平方米里有1 000×1 000个1平方毫米。也就是说，是1 000个1 000毫米的小方块形成一平方米，所以把它们连成长条就是1 000米长。

17.24 摞起来有多高？

题 如果把组成一立方米的一立方毫米小方块儿一个挨一个向上摞起来，能有多高呢？

解 你知道吗？这个细高条的高度是1 000km。怎么样？很吃惊吧？

我们来口算一下，一立方米里有1 000×1 000×1 000个一立方毫米，1 000×1 000个一立方毫米摞出的高度是1 000m，就是1km，一共是1 000个1km，所以，它摞出的高度应该是1 000km。

17.25 糖

题 一杯砂糖和同样的一杯方糖，哪个更重？

解 这道题看上去很复杂，其实只要你仔细思考，会发现它其实非常简单。假设方糖的宽度比砂糖粒的宽度大100倍，那么，所有的砂糖粒和它们的杯子一起扩大100倍，那么它的容积就扩大了100×100×100倍，就是100万倍。它装的糖的质量也会扩大100万倍。那么倒出一杯正常容量的砂糖就是它的100万分之一，质量与普通砂糖的质量相同，所以说，同样的一杯砂糖和一杯方糖是一样重的。

如果扩大的倍数不是100倍，而是别的倍数，比如说60倍，那结果仍然是一样的。因为方糖与砂糖块的形状是相似的，虽然上述假设不一定准确，但与实际情况相差无几。

17.26 苍蝇的最短路线

题 如图17-21所示，在一个圆柱形的玻璃罐的内壁离罐子的顶端有3cm处有一滴蜂蜜，在罐子的外壁上，和这滴蜂蜜相对的点上趴着只苍蝇。

苍蝇想要爬到蜂蜜处最短的路线是什么？

这个罐子高20cm，直径是10cm。

你已经掌握了足够多的几何知识，要解决这个问题并不难，所以就别去指望苍蝇自己找到最短路线，这个问题对它的大脑来说太难了。

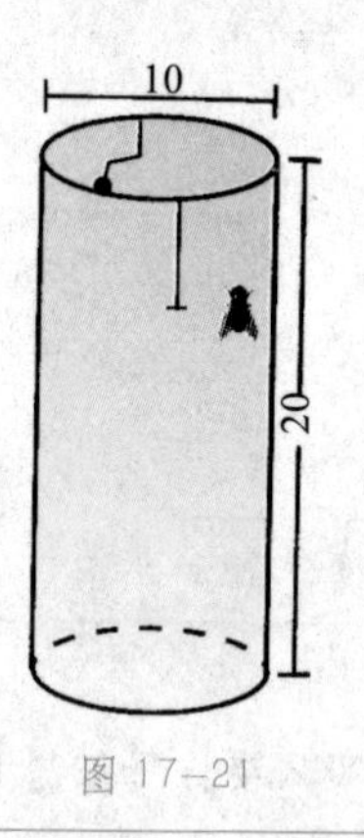

图17–21

解 现在，我们先把这个圆柱形罐子的侧表面展开成一个平面，就得到了如图17–22中所示的a图，这个矩形的高是20cm，长是罐子的周长，约为：$10\times 3\frac{1}{7}=31\frac{1}{2}$ cm。在这个矩形上，苍蝇在A点，距离底边17cm；蜂蜜在B点，

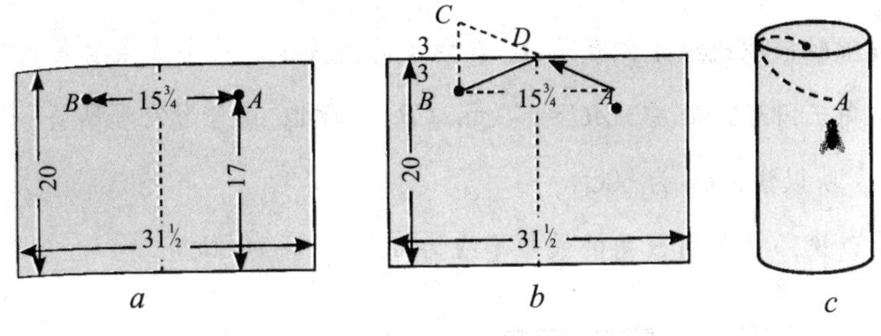

图 17—22

距离底边也是 17cm。离苍蝇所在的 *A* 点有半个圆周的距离，就是 $15\frac{3}{4}$ cm。

可由下列方法得知苍蝇爬到蜂蜜处的最短路线：如图 17-22*b* 所示，画一条直线，使它与矩形上部边沿垂直，继续向上画出相同的距离得到点 *C*，连接 *A*、*C* 两点，*D* 点是苍蝇爬到罐子的这一边必经的点，*ADB* 的路线就是最短的路线。

找到最短路线后，把这个矩形重新卷成圆柱体，就知道苍蝇要爬到蜂蜜滴的最短路线了（图 17-22*c*）。

17.27 虫子的最短路线

题 如图 17-23 所示，有一块长 30cm、宽 20cm、高也是 20cm 的石块。A 处有一只小虫，它想到 B 角去，你知道最近的路线吗？这条路线有多长？

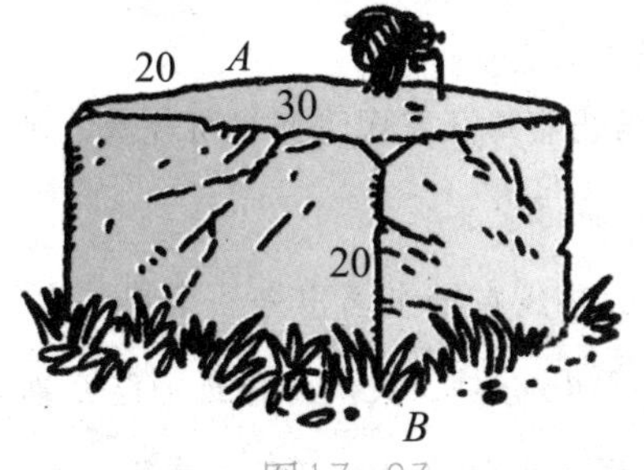

图17—23

解 如图17-24所示，把石头的上表面和前表面展开，形成一个平面，最短的路线就轻松地找到了，就是A、B两点间的线段。这条线段有多长呢？

直角三角形ABC中，$AC=40$cm，$CB=30$cm。由勾股定理所得：302＋402＝502。所以说，AB为50cm。

所以说，小虫到B角的最短路线为AB，长度为50cm。

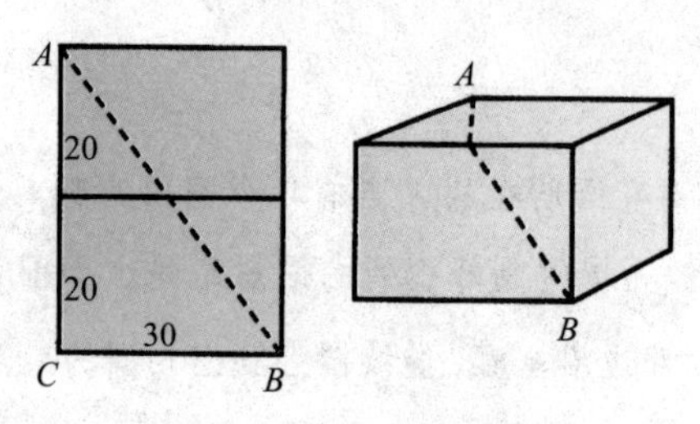

图17—24

17.28 蜜蜂的旅行

题

蜜蜂从自己的巢出发去旅行，一路向南飞，飞了一个小时后，就沿着山坡下降。这里有很多花朵，它在这里停留了半个小时。

蜜蜂昨天在山坡的西边发现了一个醋栗花园，它现在要赶往那里，蜜蜂飞了$\frac{3}{4}$小时终于来到了花园，蜜蜂在这里忙忙碌碌的采蜜，又用去了$1\frac{1}{2}$小时。

蜜蜂采完蜜后，急忙顺着最近的路线飞回巢，它在外面一共待了多长时间？

解 题目中并没有给出蜜蜂从花园飞回巢所耗费的时间，所以我们只能通过几何计算来求出这个时间了。

先把蜜蜂的旅行路线在纸上画出来。蜜蜂从巢里出发时是一路向南飞了60分钟，又向西飞了45分钟，又顺着最近的路回巢。所以说它的路线是一个直角三角形ABC，两条直角边AB、BC边是已知的，现在只要求出第三条边

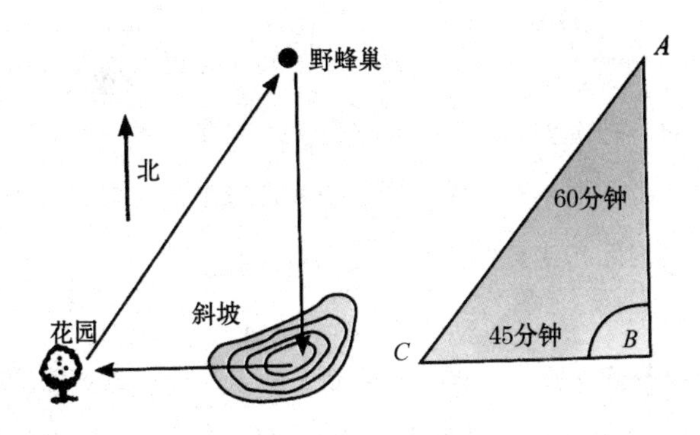

图 17—25

AC 即可。

根据勾股定理可得，如果一条直角边是一个数的 3 倍，另一条是 4 倍，那么第三条边就是 5 倍。

假设一个三角形的两条直角边长度分别为 3m 和 4m，那么它的斜边就是 5m；如果它的两条直角边长度分别是 9km 和 12km，那么它的第三条边就是 15km。小蜜蜂飞过一条直角边用了 3×15 分钟，飞过另一条直角边用了 4×15 分钟，那么它飞过斜边用的时间就是 5×15 分钟，就是 75 分钟，即 $1\frac{1}{4}$ 小时。

现在来计算小蜜蜂在外面一共停留了多少时间：

蜜蜂飞行的时间：1 小时＋$\frac{3}{4}$ 小时＋$1\frac{1}{4}$ 小时＝3 小时。

蜜蜂中途停留的时间：$\frac{1}{2}$ 小时＋$1\frac{1}{2}$ 小时＝2 小时。

所以说小蜜蜂一共在外面停留了 3 小时＋2 小时＝5 小时。

17.29 迦太基城地基

题

古城迦太基有这样一个传说：基尔王女儿迪多娜的丈夫的哥哥杀死了她的丈夫，迪多娜逃到了非洲，和很多基尔人来到了非洲北岸，她向努米底亚王购买了一块牛皮大小的土地，交易达成后，她把这块牛皮裁成了小细条，这使她拥有了足够建立要塞的土地，后来又在这块土地上建起了城市。

假设这块牛皮的表面积是4平方米，迪多娜把牛皮裁成了1毫米的细条，那么她得到的土地的面积是多大？

解 牛皮的表面积是4平方米，也就是400万平方毫米，迪多娜把这块牛皮呈螺旋式地剪成细条，细条宽为1毫米，那么它的总长度就是400万毫米，即4000米。这根细条可以围出一个面积为1平方千米的正方形的地，如果围成一个圆形，面积则为1.3平方千米。

第18章

没有尺子的测量

18.1 用脚步进行测量

有时候，你在户外需要进行测量时，身边常常没有尺子。所以你要学会徒手测量，哪怕得到的只是近似值。

要测量一段不太长的距离时，可以用脚步进行测量。所以你首先要知道自己的脚步的长度，当然了，脚步的长度并不是相同的，有时候迈的步子小，有时候迈的步子大，但平时日常行走时，迈出的步子大小还是近乎相等的，如果知道脚步的平均长度，就可以用脚步来测量距离。

想要知道自己的平均步长，可以按日常步伐走一段距离，记住走过的步数，量出这段距离，这样就能知道自己步长的大小了，这就需要用到卷尺或细绳。

把卷尺在地平面上展开，在地上标出 20m 的距离，收起卷尺，用日常的步伐走完这段距离，记住走过的步数。也许走完这段距离时，最后的步子不是整的，如果剩余不足半步，可以忽略不计，如果超过半步，可以算成一整步。用 20m 除以步数，得到的就是每一步的长度。记住这个结果，在以后没有尺子的情况下，可以用脚步进行测量。

为了在数步子的时候不至于数乱，可以用以下方法数：步子数到 10 的时候，就弯一只左手手指，再从 1 开始数，数到 10 的时候再弯一只左手手指，等左手的五根手指都弯曲后，就是走了 50 步，这时弯一只右手手指，等右手的五只手指都弯曲时，就是数了 250 步了，再重新开始数，到最后只要记住右手手指全部弯起来几次就可以了。如果用脚步测量一段距离，到终点时，右手手指全部弯起来过两次，又弯起来 3 只，左手弯起来 4 只，那么一共走过的步数是：

$2\times250+3\times50+4\times10=690$ 步。

用这个步数再加上最后一只手指弯起来后剩余的步数。

这里还有一个规律：一个中等身高的成年人的平均步长是他的眼睛到地面

的距离的一半。

还有一个关于步行速度的规律：一个小时内，一个人走过的千米数与他在 3 分钟内走过的步数相同。但这个规律只对步伐稍大的人适用。假设步长是 xm，3 分钟内的步数是 n，那么三分钟内走的路程就是 nx m，一小时有 3600 秒，那么一小时内走过的路程就是 1200nx m，即 1.2nx km，要使这个距离和三分钟内的步数相等，应该这样计算：

$1.2nx = n$，或是 $1.2x = 1$。

所以 $x = 0.83$m。

还有一条规律，只对身高 175cm 左右的人适用，我们一起来看。

18.2 活尺子

如果你需要测量物体，但没有尺子等测量工具，那么可以用拉紧绳子的方法或用伸直手臂的一端到另一侧肩膀的长度来测量（图 18–1）。成年男人的这个长度约为 1 米。还可以在一条直线上量出 6 个“虎口”（拇指和食指张开最大的角度）长度（图 18–2a）。

图 18–1

这种方法是名副其实的徒手测量了，在此之前，要预先测量好手的各种尺寸并牢牢记住。

如图 18-2*b* 所示，先量出手的宽度，成年人的这个长度一般为 10cm，记住这个长度。如图 18-2*c* 所示，测量出中指与食指大张时指尖最远的距离。再测量出食指的长度，如图 18-2*d* 所示，要从拇指跟部算起。再测量出拇指与小指大张时的距离（图 18-2*e*）。

记住这些尺寸，你就可以在没有尺子的情况下对一些小物体进行测量了。

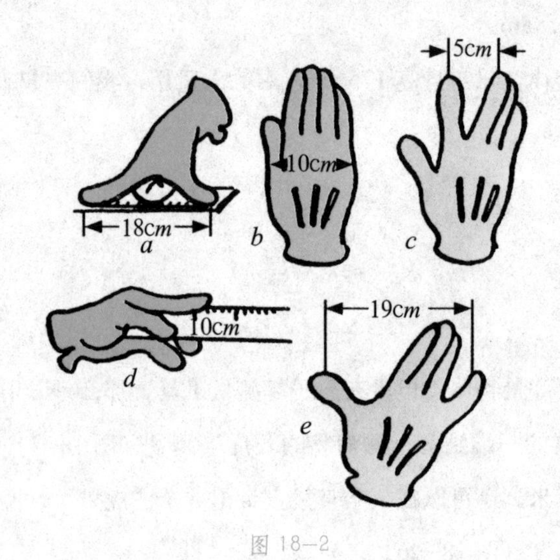

图 18-2

第19章

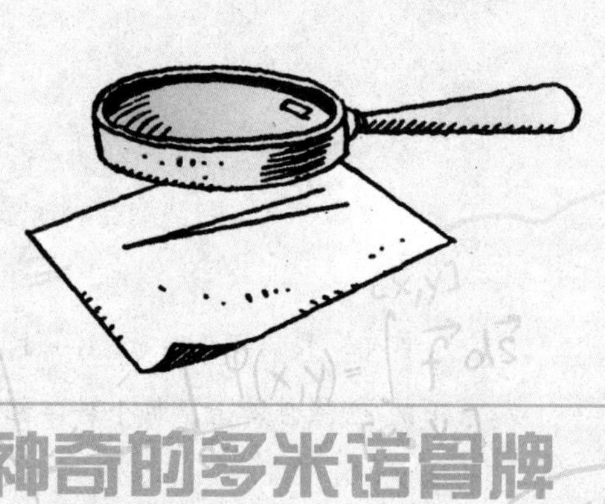

神奇的多米诺骨牌

19.1 骨牌[1]链条

题 按一定的游戏规则，可以用28块多米诺骨牌组成一个相邻两端数字相同的首尾相连的不间断的链条，这是什么原理呢？

解 首先，我们把0—0、1—1、2—2这样点数重复的7张骨牌拿到一边。余下的21张骨牌上，每个数字都重复出现了6次。比如点数4在骨牌上出现的情况：

4—0；4—1；4—2；4—3；4—5；4—6。

所以说，每一个点数会出现的次数都是偶数。这样的话，把骨牌排列在一起，就可以保证相接处的数字相等，把这21张骨牌排成一个不间断的链条后，再把预先拿到一边的7张骨牌放到0—0、1—1、2—2等接头的地方，这样，这28张骨牌按照题目要求排成一个不间断的链条了。

19.2 链条的两端

题 把28块多米诺骨牌排成一列后，它一端的骨牌点数是5，那么，另一端的骨牌点数是多少呢？

解 这根链条两端的数字相同，这一点非常容易就可以证明出来。

---

①此处的骨牌是指俄式骨牌，也叫牌九，每副有28张牌，牌上刻着对应点数的圆点，点数分为两端两部分，从0—0、0—1……6—5、6—6为止，详情请见本章插图。

链条内的数字都是相对的，如果这两端的数字不相等，那么这个数字就不会出现偶数次。每一个数字在所有的骨牌中都重复出现了 8 次，是偶数次。所以说链条两端的数字不可能不相等，那么它两端的数字也必然是相等的。这种证明方法是数学上的“反证法”。

正是由于 28 块骨牌形成的这个链条有这个特点，所以：这根链条可以首尾相接形成一个圆环。

也许你会有这样的疑问：要形成这样的链条或圆环，有多少种方法呢？我们可以告诉你，这样的方法有很多，超过 7 万亿个，准确数目的计算过程是：

213×38×5×7×4231 = 7 959 229 931 520。

19.3 多米诺骨牌的小游戏

题

你的朋友从 28 张骨牌中拿走了一张，让你把剩余的 27 张骨牌排成链条，他认为不管缺少哪张骨牌，剩余的骨牌都可以排列成链条。他走到了别的房间，不看你码好的链条。

你顺利地把剩余的 27 张骨牌排列成一个链条，这证明你的朋友观点正确。而身在别的房间的你那位朋友，并没有看到你排列的骨牌链条，却准确地说出了这根链条开头和结尾的骨牌点数。他是怎么知道的呢？而且，他怎么知道 27 张骨牌还能组成一个不间断的链条？

解 28 张骨牌可以组成一个圆环，被拿走了任何一个后：

① 余下的 27 张骨牌还能排列成一个不间断的链条；

② 被拿走的那张骨牌点数就是这根链条开头和结尾的数字。

所以，你的朋友可以知道你排列出的骨牌链条两端的数字是多少。

19.4 方框

题 如图19-1所示，所有的多米诺骨牌按游戏规则码成了一个正方形框子，这个框子每条边的长度相等，骨牌上的点数之和却不相等：上面和左边的骨牌点数和为44，另外两条边框的骨牌点数分别为59和32。

你能不能摆出一个每条边框上的骨牌点数都相等的正方形框子？

图 19-1

解 要做的正方形骨牌框子的所有点数和为 44×4＝176，一套骨牌上所有的点数和为168，比要求的点数小8。因为正方形框子角上的骨牌的点数被计算了两次，由此可知，这个正方形边框四角的骨牌点数和是8，知道这一点对我们解题有很大的帮助，但要知道这个正方形边框的骨牌排列情况还是非常复杂的。答案如图 19-2 所示。

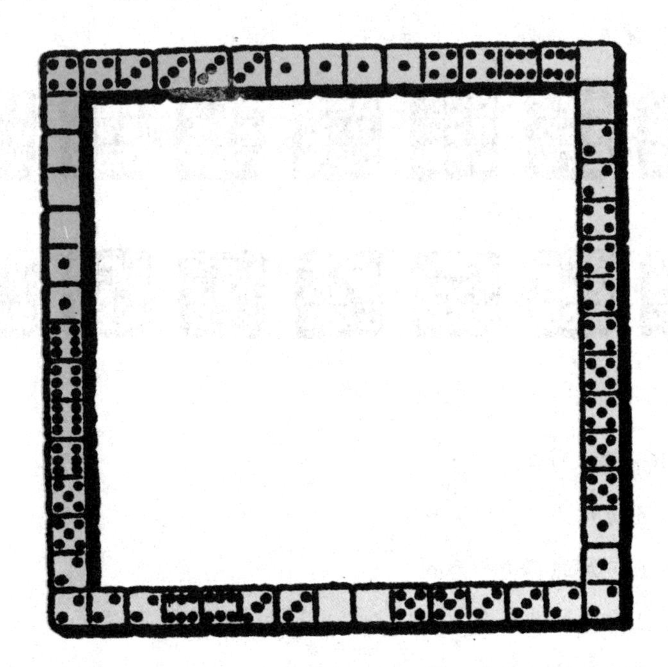

图 19-2

19.5 七个方框

题

挑选出 4 张骨牌，把它们拼成一个每条边上骨牌点数和都相等的小正方形。

如图 19-3 所示，用骨牌拼成一个每条边上骨牌点数和都是 11 的正方形。你能用一套骨牌同时摆出 7 个这样的小正方形吗？7 个小正方形每条边上骨牌的点数和是否相等无所谓，但每个正方形的四条边的骨牌的点数和都必须相等。

图 19-3

解 这道题有很多种解法。在这里只举两个例子：

第一种解法，如图 19-4 上所示：

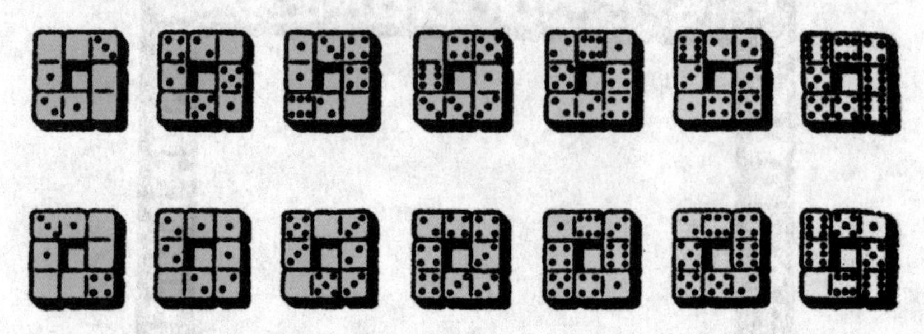

图 19—4

一个小正方形的各边和为 3，

两个小正方形的各边和为 9，

一个小正方形的各边和为 6，

一个小正方形的各边和为 10，

一个小正方形的各边和为 8，

一个小正方形的各边和为 16。

第二种解法，如图 19-4 下所示：

两个小正方形的各边和为 4，

两个小正方形的各边和为 10，

一个小正方形的各边和为 8，

两个小正方形的各边和为 12。

19.6 骨牌幻方

如图 19-5 所示，这是一个由 18 块多米诺骨牌组成的正方形，它每横行、纵列和对角线方向上的点都和都是 13，这就是一个幻方。

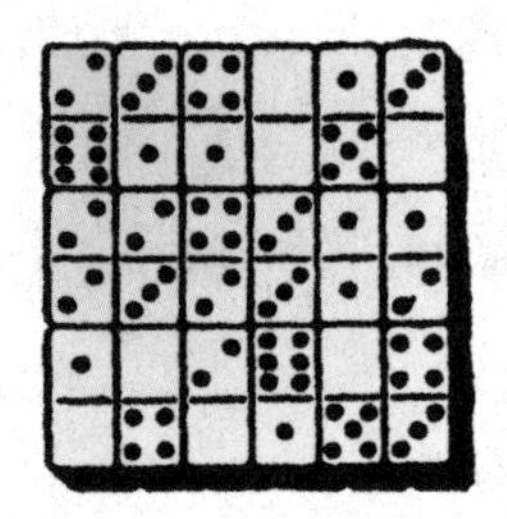

图 19—5

现在给你 18 块骨牌，你能不能拼出几个每一列的点数和都不同的幻方来？使它们的点数和最小为 13，最大为 23？

解 如图 19—6 所示，这个幻方各行、各列和对角线的骨牌点数和为 18。

图 19—6

19.7 骨牌形成的等差级数

题 如图 19—7 所示，这是 6 个按规则摆好的骨牌，每张骨牌的点数（骨牌上两部分点数相加）都比前一张大 1：第一张骨牌点数是 4，后面几张骨牌点数依次为：4、5、6、7、8、9。

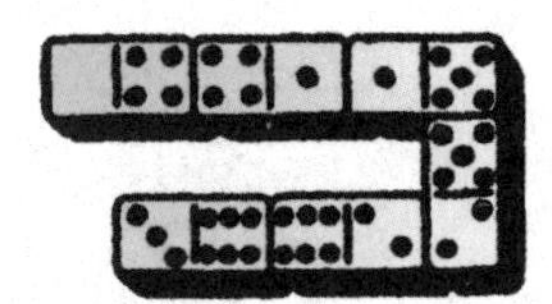

图 19—7

一系列数字，从第二项开始，以后的每一项与前一项的差恒等的级数，就叫“等差级数”。在上述数列中，每一项都比前一项大1。在等差级数中，这个差值可能是任何数。你能不能用6张骨牌组成几个别的等差级数。

解 下面举一个等差级数为2的例子：

① 0－0；0－2；0－4；0－6；4－4（或3－5）；5－5（或4－6）。

② 0－1；0－3（或1－2）；0－5（或2－3）；1－6（或3－4）；3－6（或4－5）；5－6。

用6张骨牌组成23个等差级数。它们的第一张骨牌是：

① 当差为1时：

0－0，1－1，2－1，2－2，3－2，

0－1，2－0，3－0，3－1，2－4，

1－0，0－3，0－4，1－4，3－5，

0－2，1－2，1－3，2－3，3－4，

② 当差为2时：

0－0，0－2，0－1。

第20章

有趣的数学小游戏

20.1 "重排15"

曾经非常流行一种有15个数字滑块的盒子，还有一个关于它的有趣的故事。

德国数学家阿伦斯是一名游戏研究者，对于这个故事，他是这样讲述的：

"'重排15'的游戏兴起于19世纪70年代的美国，被无数的热心玩家追捧，使得这个游戏迅速风靡整个社会。"

欧洲也出现了这样的情况，坐车的乘客手里都拿着一个装有15个数字滑块的盒子，公司的员工们都沉迷于这个游戏，使得上司们忍无可忍，不得不严禁员工在上班时间内玩这个游戏。而娱乐机构的老板们则利用了人们的这一爱好，多次举行大型的游戏竞赛，后来，这个游戏还进行了德国国会大厦中，甘特·格蒙德是当时的国会议员，也是著名的地理学家和数学家，他回忆起当时这个游戏风靡全社会的情形时说道："我在国会上看到，头发花白的人们都专心的研究着手里的方盒子。"

这个游戏从巴黎迅速向各地蔓延开来，当时的一个法国人在自己的作品中写道："就算是一些偏僻的乡村小屋里，也有它的足迹。"

这个游戏在1880年时已经达到了流行顶峰。但没过多久就被数学战胜了。人们这才知道，其中有一半题是可解的，而另一半就算是数学家也不可能解出来。

图 20-1

所以，这个游戏没有激起人们长久

的激情，这也是竞赛的组织者敢于悬赏巨额奖金给解出题的人的原因。这个游戏的发明者明显比普通人要高明的多，他建议刊物出版商们在报纸上刊登这道无解的数学题，并悬赏 1 000 美金求解，并随时准备为此付账。这个游戏的发明者是赛缪尔·劳埃德，由于他发明了这个游戏，使得他名声大噪，可他却并没有在美国获得这个游戏的专利证。按照法律规定，他想要获得专利证，就要提供“工作模型”以便制作若干样品。可当专利局向他索要工作模型时，他应该回答：“这道题在数学上根本是无解的。”专利局官员就会反对地说：“如果是那样，就不可能会有工作模型，那么就不能拿到专利。”这个答复让劳埃德非常满意，但如果他知道自己发明的这个游戏日后会取得那么大的成功，他会更坚持拿到专利证了[①]。

下面是发明者本人在自己的传记中对这件事的相关记载：

“那些生活在 19 世纪 70 年代初的人们还记得我发明的那个装着滑块的盒子是如何令全世界人绞尽脑汁的，后来，这个游戏以‘重排 15’而闻名世界。15 个标有数字的滑块装在盒子里（图 20–2），只有 14 和 15 两个滑块的位置是相反的，游戏的要求就是把 14 和 15 两个滑块重新排列到正确的位置。

虽然人们为了这个游戏而绞尽脑汁，但谁也不可能得到这 1 000 美元的奖金。当时，人们为了解开这道题，发生了很多可笑的事情：营业员沉迷于解题而忘记打开商店大门；邮局的一个官员在路灯下为了这道题思考了一夜。谁都想找到问题的答案，他们都认为自己完全可以做到，为了解开这道题，据说有的领航员把轮船领上了浅滩，火车司机把火车开过了站，农民没有心思做农活。”

这个游戏的理论基础其实是非常复杂的，它与高等代数的一个分支（行列式论）联系紧密。在这里，我们只介绍阿伦斯的一些观点：

游戏要求利用仅有的一个空位对滑块进行一系列的移动，重新排列 14 和

①马克·吐温在自己的小说《竞选州长》中写了这个故事。

15两个滑块，使这些数字滑块重新排好：左上角是1,右边是2,然后是3,右上角是4,下一排从左到右依次是5、6、7、8等。如图20-2所示，这就是15个滑块的正常排序。

1	2	3	4
5	6	7	8
9	10	11	12
13	14	15	

图20—2

滑块的正常位置（情况1）

1	2	3	4
5	6	7	8
9	10	11	12
13	15	14	

图20—3

无解的情况(情况2)

你想象一下，如果这些滑块都是杂乱无章的，你完全可以通过一系列移动，把1移动到图中所示的位置。

那么不移动滑块1,你也可以把滑块2移动到指定的位置，然后，不移动滑块1和2,把滑块3移动到指定的位置上，那么最上面的一行1、2、3、4四个滑块的位置就移动好了，接着移动后面的滑块，这时，就不能再碰第一行的四个滑块了。用同样的方法把第二行的5、6、7、8四个滑块移动到指定的位置上，是的，这很容易，你完全可以办到。接着，第一行和第二行的滑块不能再碰触了，把9和13移动到指定的位置上。这时，就只能在剩余的6个方格内移动剩余的5个滑块了，在这样的空间内，你可以成功地把10、11、12三个滑块移动到正确的位置上去，现在就剩下14和15两个滑块了，它们的排序要么正确，要么位置相反（图20-3）。我们来进一步求证。

初始的排序，要么是图20-2中的情况1，要么就是图20-2中的情况2。

假设某种可以变成情况1的排序为S，那么情况1的排序就能调整为S，把这个移动滑块的步骤再走一遍，滑块12立刻就会被调整到空着的那个格子上。

这样我们就有两个不同系列的排序，其中一个系列的排序都能调整到正常的情况1，另一种则会被调整为情况2，那么从情况1和情况2都可以还原为本系列中任何一种排序，最终，同属于一个系列的两种任意的排序，它们之间是可以相互转变的。

现在把情况1和情况2的排序合而为一，可以做到吗？通过严格的证明可知，不管你怎样移动滑块，这两种情况都不可能成为对方。所以这个滑块排列的可能性只有以下两个系列：①可以调整为情况1排序的一系列排序；②可以调整为情况2排序的一系列排序，这个系列的排序永远不可能被调整为正常排序，想要得到巨额奖金，只有把它调整为正常排序才可以。

如图20-3所示，看图中的排序，第一行和第二行中，除滑块9的位置以外，都是排列正确的，9占据了8的位置，这就是第一个无序（滑块9在滑块8的前面，这种提前我们称之为“无序”），再往下看，滑块14排在了滑块11、12、13的前面：这就形成了三个无序（滑块14比11提前、滑块14比12提前，滑块14比13提前），也就是说，这里一共有3 + 1 = 4个无序，滑块12的位置比11提前了，滑块13比11提前了，那么就又有了两个无序，这个盒子中一共有4 + 2 = 6个无序。

提前把右下角的位置空出来，我们用上述方法就能计算出一个盒子中无序的总数。如果这个数是偶数，那么就能对滑块通过一系列的移动把它调整为正确的顺序，如果这个数是奇数，那么这个排序就是第二个系列，是无解的（o

1	2	3	4
5	6	7	9
8	10	11	12
13	14	15	

图20-4

个无序属于偶数）。

现在，这道题已经用数学给予了合理的解释，就会为先人们对这个游戏的狂热痴迷感到费解，数学给这个游戏建立了详尽的理论基础，它的结果不是偶然的，是必然的，它并不像别的游戏一样，取决于是否聪明机智，头脑是否灵活，这个游戏完全取决于数学因素，无解的题目任你怎样聪明机智也不可能解出，对于游戏的结果，数学早就准确地预见到了。

在这个领域中，还有一些难题。

上述游戏的发明者劳埃德还发明了以下几个有解的游戏。

[第一题]把（图20-2情况2）中的滑块调整为如图20-4所示的顺序，并使盒子左上角的格子是空的。

	1	2	3
4	5	6	7
8	9	10	11
12	13	14	15

图20—5

解 通过44次滑动滑块可以得到题目要求的排列方式：

14,11,12,8,7,6,10,12,8,7,

4,3,6,4,7,14,11,15,13,9,

12,8,4,10,8,4,14,11,15,13,

9,12,4,8,5,4,8,9,13,14,

10,6,2,1。

[第二题]试着把（图20-2情况2）调整成（图20-5）所示的滑块排序。

4	8	12	
3	7	11	5
2	6	10	14
1	5	9	13

图 20—6

解 要把盒子中的滑块排成正常顺序，需要进行 39 次滑动：

14,15,10,6,7,11,15,10,13,9,

5,1,2,3,4,8,12,15,10,13,

9,5,1,2,3,4,8,12,15,14,

13,9,5,1,2,3,4,8,12。

[第三题]按游戏规则移动滑块，把盒子变成一个各个方向数字和都是 30 的幻方。

解 要得到这样的幻方，需要进行下面一系列的移动：

12,8,4,3,2,6,10,9,13,15,

14,12,8,4,7,10,9,14,12,8,

4,7,10,9,6,4,2,3,10,9,6,

5,1,2,3,6,5,3,2,1,13,

14,3,2,1,13,14,3,12,15,3。

20.2 11根火柴

题 要做这个小游戏，就需要两个人的合作才能完成。在桌上摆上11颗坚果（也可以是火柴或瓜子），第一个人可以按自己的想法拿走1、2或3颗坚果。第二个人也是如此。接着再由第一个人拿，拿到最后的时候，谁拿走了最后的一粒坚果谁就输了。

这个小游戏，要怎样做才能赢呢?

解 如果你先拿坚果，那么应该先拿2颗，这时剩余的坚果为9颗，那么不管第二个人拿走几颗坚果，你再次拿坚果时都要保证桌上剩余的坚果是5颗，那么，不管对方从这5颗中拿走几颗，你都能给他剩下最后一颗，你就胜利了。

如果是对方先走第一步，你如果想赢，就要看他知道不知道这个游戏的奥秘了。

“15”的小游戏

题 “重排15”的游戏是在一个小盒子里移动编了号的滑块，这个游戏和它不同，更像1和0的游戏。

玩这个游戏需要两个人，第一个人先在下面的格子中的第一个格子里写下从1－9中的任意一个数字。

第二个人也在任意一个格子中写下不同的数字，但要使对方下一次填下数

字后，某列、某行和对角线上的数字和都不能等于15。

如果谁使某行、某列或对角线上的三个数字和等于15或是填上最后一个格子，谁就胜利了。

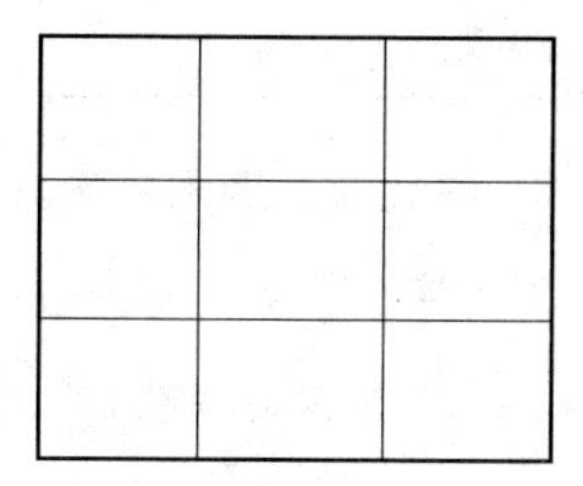

解 想要赢得这个游戏的胜利，第一次填写数字就应该填“5”，应该把它填到哪里呢？在这里，我们分析了所有3种可能性。

在中间的格子里填上5。不管对方在哪个格子里上什么数字，你都可以在它所在的行、列或对角线上剩余的格子里写下数字。

假设对方填下的数字是x，那么你再次填下的数字就是$15-5-x$，就是$10-x$，这个数显然比9小。

		x
	5	
$10-x$		

在角上的某一个格子里填上5，如果对方选择了x，那么就在格子y中填上一个数字，使$y=10-x$，如果他在y中填上了数字，那么你就在x中填上数字，使$x=10-y$。不管他怎样选择，你都能赢的。

在最边上一列中间的一个格子里填是5，对方可以随便选择x、y、z、t中的任何一个格子。

5		
		x
y		

如果对方在 x 中填数字，你就在 y 中填数字，使 $y = 10 - x$；如果对方在 y 中填数字，你就在 x 中填数字，使 $x = 10 - y$；如果对方在 z 中填数字，你就在 t 中填数字，使 $t = 10 - z$；如果对方在 t 中填数字，你就在 z 中填数字，使 $z = 10 - t$。不管对方怎样选择，你总会赢的。

	x	z
5		
	y	t

20.4 "32"的小游戏

题 这个游戏要两个人玩的，在桌上放32根火柴，第一个人可以拿走1根、2根、3根、4根火柴，第二个人也一样，可以拿4根以下任意数目的火柴，谁拿走最后一根火柴，谁就赢了。

这个游戏很简单，输赢的关键就在于谁先玩，只要先玩者计算好每次拿火柴的数目，就一定会赢的。

你知道先拿火柴的人怎么做才能赢吗？

解 如果你玩过这个游戏，你就会发现如何使自己稳赢不输。显然，如果你走最后一步的前一步，给对手留下5根火柴的话，你的对手就只能拿手最多4根火柴，那么你就赢定了。那么，应该怎么样才能使走到这一步的时候，只留给对方5根火柴呢？想在这一步给对方留5根火柴，就要在上一步时给对方留10根火柴，那样，不管对方拿几根火柴，最少都会给你留下6根，轮到你拿的时候，你就可以给他留下5根，把其余的几根拿走。那么怎样在这一步给对方留下10根火柴呢？这就需要在上一步时给对方留下15根火柴。

所以，那么，按每次多出5根火柴计算的话，之前留给对方的应该是20根火柴，再之前就是25根，再往前数一次就是30根，桌上一共有32根火柴，所以说，你先拿火柴时，要先拿走两根。

这就是稳赢不输的秘密，一开始拿走两根火柴，然后不管对方拿走几根，你拿火柴时都给他剩下25根火柴，再下一回合，不管他拿走几根，你都给他剩下20根，再接着是15根、10根，最后剩下5根，最后一根火柴当然属于你了。

20.5 又一个“32”的小游戏

上道题中的“32”的小游戏，也可以稍作改变：谁拿走最后一根火柴就输了。那么这次应该怎样做才能避免拿到最后一根火柴呢？

解 现在这道题反过来了，谁拿到最后一根火柴就输了，那么，你就要在走最后一步的前一步给对方留下6根火柴，这样，不管他拿走几根火柴，余下的火柴都是大于两根少于5根的，这样，你就可以把最后一根留给他了。那么，在上一回合时，你就要给对方留下11根火柴，然后再上一回合就是16根、21根、31根火柴。

这样推算下来，你一开始应该先拿走一根火柴，然后给对方剩下26、21、16、11、6根火柴。最后一根火柴就一定是对方的了。

20.6 "27"的小游戏

题

这个游戏和上一个游戏有相似之处。游戏规则同样都是轮流拿走少于4根火柴的游戏。区别在于，这个游戏要求，谁最后拿走的火柴数目是偶数谁就赢了。

先玩者仍然有优势，他只要把每一步都算计好，就一定不会输。那么这其中的奥秘是什么呢？

解 要找到这道题稳赢不输的方法要比上一道题困难多了。

应该从以下两个方面思考这个问题：

①如果你在游戏最后一步的前一步时拥有的火柴数目是奇数，你就应该留给对方5根火柴，这样你才能赢，下一步对方留给你的火柴数目只能是4根、3根、2根或1根，如果他留下了4根火柴，那么你可以拿走3根，那么你就赢了；如果他留下的火柴数目为3根，你把这三根拿走也会赢，如果他留下的是2根，你就拿走1根，你还是会赢。

②游戏结束之前，如果想让手里的火柴数目是偶数，就要给对方留下6或7根火柴，然后他下一回合就给你留下6根火柴，你拿走1根，给他留下5根，他就输定了。

你留给他5根火柴，如果他拿走4根，你就赢了，如果给你留下4根火柴，你就把它们都拿走，你还是会赢。如果他给你留下3根火柴，那么你就拿走两根，仍然会赢，如果他给你留下2根火柴，你就可以把它们都拿走，一样是赢了。留下小于2根火柴是不可能的了。

你知道其中的奥秘了吗？就是如果你现有的火柴数目是奇数时，你每走完一步，你留给对方的火柴数目都应该是6的倍数再减1，比如：5、11、17、23；如果你的火柴数目是奇数，那么你留给对方的火柴数目应该是6的倍数或再加 1，比如：6 或 7、12 或 13、18 或 19，24 或 25。零可以认为是偶数。所以你先动手拿火柴时，就应该从 27 根火柴中拿走 2 根或 3 根，然后就按上述方法进行就可以了。

只要你的对手不知道其中的奥秘，你就一定会稳赢不输的。

20.7 另一个“27”的小游戏

在玩“27 的游戏”时可以变通一下要求：谁最后的火柴数是奇数谁就赢了。如果你想稳赢不输应该怎么做呢？

解 现在这个游戏的要求相反了，最后拿到火柴数目是奇数时才算赢，那么你应该这样做：当你拥有偶数根火柴时，你每一步留给你对手的火柴数目应该比 6 的倍数少 1；如果你拥有奇数根火柴时，你每走一步留给对方的火柴数目应该比 6 的倍数大 1。这样的话，你就一定稳赢不输了。游戏开始的时候，如果你先拿火柴，那么就是 0 根（属于偶数根火柴），那么你应该先拿走 4 根火柴，留给对方 23 根。

20.8 算术小游戏

这个游戏可以由很多人一起玩，你需要提前准备的是：

①游戏板，可以用硬纸板自制。

②色子，可以用木头自制。

③每个游戏者都有个标志物。

如图 20-6 所示，把一块大大的厚纸板裁成正方形，在这个正方形上面划出 10 × 10 个小方格，把数字 1 - 100 填到这 100 个小方格中。

色子也很好做，在一个 1 厘米厚的木板上锯下一个小立方体，把棱角打磨平滑，在六个棱面上标出 1 - 6 这几个数字（也可以用点数标记，像多米诺骨牌一样）。

标志物可以用不同颜色的圆环或小方块来代替。

游戏的玩法如下：玩家拿走筹码以后，就依次掷色子。掷出 6 点的人，就把自己的标志物放在游戏板的第 6 个格子里，下次他再掷色子时，掷出几点，他的筹码就往前移动多少个小方格。走到一个有箭头起点的格里时，标志物就要顺着走到箭头终端的格子里——可能前进也可能后退。

先走到第 100 格的人就赢了。

100	99	98	97	96	95	94	93	92	91
81	82	83	84	85	86	87	88	89	90
80	79	78	77	76	75	74	73	72	71
61	62	63	64	65	66	67	68	69	70
60	59	58	57	56	55	54	53	52	51
41	42	43	44	45	46	47	48	49	50
40	39	38	37	36	35	34	33	32	31
21	22	23	24	25	26	27	28	29	30
20	19	18	17	16	15	14	13	12	11
1	2	3	4	5	6	7	8	9	10

图 20—7

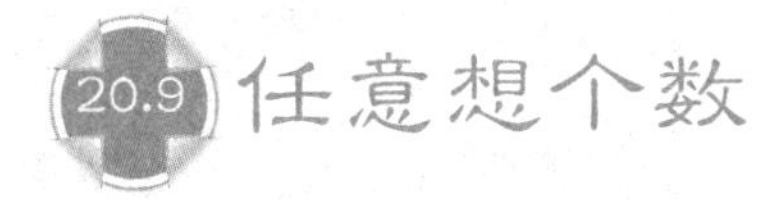

20.9 任意想个数

题

在头脑中想一个任意数，按我要求的运算过程计算出结果，我能猜出你的结果是多少。

如果你计算出来的结果和我猜的不一样，那么一定是你计算有误，我是不可能错的。

题一

想一个除0之外小于10的数字，然后对它进行以下运算：

用这个数乘以3，

得到的数加上2，

再乘以3，

再加上你想出的那个数，

把结果中的第一个数字去掉，

再减去4，

再加19。

答：你的结果是21。

题二

想一个除0之外小于10的数字，然后对它进行以下运算：

用这个数先乘以5，

再乘以2，

再加14，

再减去8，

把结果中的第一个数字去掉，

再除以3，

再加10。

答：你的结果是12。

题三

想一个除0之外小于10的数字，然后对它进行以下运算：

用这个数加上29，

把结果中的后一位数字去掉，

再乘以10，

再加4，

再乘以3，

再减去2。

答：你的结果是100。

题四

想一个除0之外小于10的数字，然后对它进行以下运算：

用这个数乘以5，

再乘以2，

再减去你想出的这个数，

把结果中的各个数字相加，

再加2，

再求平方，

再减10，

再除以3。

答：你的结果是37。

题五

想一个除0之外小于10的数字，然后对它进行以下运算：

用这个数字乘以25，

再加3，再乘以4，

把结果中的第一个数字去掉，

把剩下的数平方，

把结果中的各个数字相加，

再加7。

答：你的结果是16。

题六

想一个除0之外小于10的数字，然后对它进行以下运算：

在这个数上加7，

用110减去这个和，

再加上15，

再加上你想出的这个数，

再除以2，

再减去9，

再乘以3。

答：你的结果是150。

题七

想出一个小于100的数，然后对它进行以下运算：

用这个数加上12，

用130减去这个和，

再加上5，

再加上你想出的这个数，

减去120，

再乘以7，

再减去1，

再除以2，

再加30。

答：你的结果是40。

题八

想出一个0除外的任意数，然后对它进行以下运算：

用这个数乘以2，

再加上1，

乘以5，

只留末位数，

其余位数的数字都去掉，

求末位数的平方，

用得出的积的各个位数上的数字相加。

答：你的结果是7。

题九

想出一个小于100的任意数，然后对它进行以下运算：

用这个数先加上20，

用170减去这个和，

得出的差再减去6，

再加上你想出的这个数，

把得到的和的各个位数上的数字相加，

再求这个和的平方，

得到的结果减去1，

再除以2，

再加8。

答：你的结果是48。

题十

想出一个三位数，然后对它进行以下运算：

用这个数从左向右陆续写两遍，得到一个六位数，

用这个六位数除以7，

得到的商再除以你给出的这个三位数，

再除以11，

再乘以2，

把得到的积的各个位数上的数字相加。

答：你的结果是8。

解 假设题一中想出来的数字是b，那么它的运算过程就是：

$$(3a+2)\times3+a=10a+6。$$

到此为止，我们就得到了一个两位数（$10a+6$），十位数是你想出的数字，而个位数是6。

然后去掉个位数的数字，就得到了a。现在你知道了吧？

题二、题三、题五和题八也只是把这道题转变了一下形式而已。

题四、题六、题七和题九只是使用了其他方法去掉了一开始想出来的数字。

以题九为例，运算过程如下：

$$170-(a+20)-6+a=144。$$

剩下的你就能想明白了。

题十的解法较独特，把一个三位数重复写两遍，构成一个六位数，其实就是把这个数字乘以了1 001（例：356×1 001 = 356 356），但是1 001 = 7×11×13，所以假设你最初想出来的三位数为a，那么它的运算过程为：

$$\frac{a\times1001}{7\times a\times11}=13。$$

下面你就能理解了。

所以，这些类型的题都有一个关键，就是把你想出来的那个数字去掉。现在，你可以尝试着自己出几道类似的题目了。

20.10 猜谜

题

现在，咱们来玩一个猜谜游戏：你在心里想一个数字，不要告诉我，虽然读者朋友们有那么多人，又离我这么远，但我还是有信心猜出你心里想的那个数字是什么。

现在开始：

你在心里随便想一个数字（数字只有10个，从0－9，和“数”不同），在心里记好这个数字，现在用这个数字乘以5，千万不要计算错误。

现在，再用得到的结果乘以2，然后再加上7，计算出结果后，从这个结果中去掉第一位数。再用得到的这个数加上4，减去3，再加上9。

现在，我已经知道你得到的结果是17对吗？

如果你还是觉得难以置信，可以再来试一次。

选好一个数字，用这个数字乘以3，再乘以3，然后用你得到的结果加上你选好的那个数字。再用得到的结果加上5，从得到的得数中去掉第一位数。用得到的这个数加上7，减去3，加上6。

我知道了，你得到的结果是15。

我猜的对吧？如果你说我猜的不对，那一定是你中途某处计算错误了。还想再试一次吗？没问题。

选好一个数字，用这个数字乘以2，得到的结果再乘以2，再乘以2；用得到的结果加上你选好的那个数字，然后再加一次那个数字；得到的结果加上8，从得到的得数中去掉第一位数。用得到的这个数减去3，再加上7。

我猜出你得到的结果是12对吗？

不必再试了，因为不管再试几次，我都不会猜错的。

你知道吗？我在这本书出版前几个月就想出了这个游戏，当然了，也就是在你选定数字之前我就知道了。那就说明，我最后猜出的数和你选的数字一点关系也没有，你知道其中的奥秘吗？

解 如果你想知道其中的奥秘，就应该仔细观察前面的计算过程。

第一个例子中，你把选定的数字乘以5，再乘以2，就说明你把这个数字乘以10。任何一个数字乘以10之后的得数，它的个位数都是0。然后再在这个数上加7，这时我就知道你现在得到的这个数是一个两位数，虽然我不知道十位数是什么，可我知道个位数是7，我让你把十位数去掉，也就是说，你去掉的那个数字正好是我不知道的。现在你得到的数字当然就是7了。

其实到这里为止，我是完全可以告诉你结果是7。但为了显得更加神秘而真实，我又让你在7的基础上加或减去不同的数，然后我在心里进行计算，直到最后我告诉你结果是17，所以说，不管你选了数字是几，我都能知道这个结果是17。

第二个例子中，我用的方法和第一个例子中的方法不同，你知道其中的奥秘了吗？我让你把选好的数字乘以3，再乘以3，再加上你最初选好的数字，这就等于把你最初选好的数字乘以$3\times3+1=10$。这时我就知道你得出的结果的最后一位数是0，接下来的步骤就和第一个例子的方法相同了。

第三个例子中，其实它的方法和前两个例子一样，我让你在选好的数字上乘以2，再乘以2，再乘以2，用所到的结果两次加上你选好的数字。这就等于把你选定的数字乘以$2\times2\times2+1+1=10$，接下来的步骤和前两个例子相同。

了解这些技巧后，你也可以给你的同学变这个算术小魔术了，而且你只要开动脑筋，还能自创一些猜数字的方法，勇敢地尝试一下吧。

20.11 三位数的谜题

题 想好一个三位数，不要告诉我它是什么，在这个三位数的百位数上乘以2，其它两个位数不动，在所得的积上加5，得到的结果再乘以5，再加上你最初想好的三位数的十位数，用得到的和再乘以10，把那个三位数的个位数加到所得的积上来。计算出来的结果告诉我，我就能知道你想出的那个三位数是什么。

举例说明吧，假设你想好的三位数是387。

对它进行上述运算：

把百位数乘以2：$3\times2=6$。

再加5：$6+5=11$，

再乘以5：$11\times5=55$，

加上十位数：$55+8=63$，

再乘以10，$63\times10=630$。

再加上个位数：$630+7=637$。

你把这个结果告诉我以后，我是怎样猜出你想好的三位数的呢？

解 仔细观察上述运算过程：用百位数先乘以2再乘以5，又乘以10，就是乘以$2\times5\times10=100$，十位数乘以10，个位数没变，那么这个三位数在原有的基础上加上了$5\times5\times10=250$。

可如果从结果中减去250，剩下的结果：乘以100的百位数加上乘以10的十位数，再加上个位数，就得到了你想出的那个三位数。

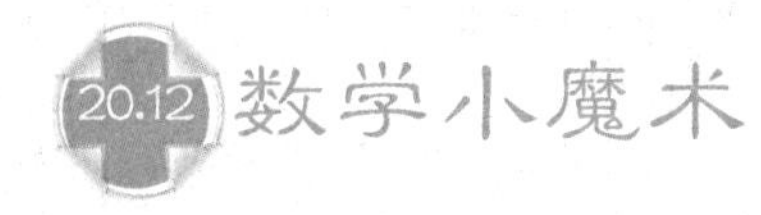

20.12 数学小魔术

题

你在心里想一个数，把它加上1，乘以3，再加1，用所得的结果再加上你想出来的那个数，把得出的结果告诉我。

把这个结果减去4，再除以4，得出的结果就是你心里想出的那个数。

假设你心里想的数是12。

加1——得13。

乘以3——得39。

加1——得40。

再加上你心里想出的那个数：40 + 12 = 52。

把这个结果告诉我，我知道这个结果是52后，会先用它减4，得48，再除以4，得12，这个数就是你心里想的数。

这是什么原理呢？

解 如果你仔细观察这个运算过程，就会发现，猜谜的人最后计算出来的结果就是他最初所想的数字的4倍再加上4，把这个结果中减去4，再除以4，得出的结果就是你想出的那个数字。

20.13 删掉的是哪个数字？

请你的同学想一个多位数，然后再作下面的运算：

写下这个数，把各个位数上的数字打乱，再重新随意组合成一个新的多位数，比较这两个多位数，用较大的多位数减去较小的多位数，在结果中随意删掉一个非0的数字，再把其余位数按随意次序告诉你。这时你就能知道他刚刚删掉的那个数字是什么。

例如，同学想好的数字是3 857，

对这个数字进行下面的运算：

3 857，

8 735，

8 735 - 3 857 = 4 878。

他把结果中的7拿掉，把其余三个数字告诉你：8、4、8。那么你能根据这些已知条件知道他拿掉的那个数字是多少吗？

解 如果你对被9整除的数的特征非常了解，那么你就会知道，任何一个数除以9得到的余数就是这个数各个数位上数字相加的和除以9得到的余数。如果两个数的构成数字相同，只是数字顺序不同，那么这两个数除以9得到的余数是相等的。所以，它们之间的差也一定能被9整除（余数是0）。

所以，你一定知道你同学把这两个数相减后得到的差的各个数位上的数字和一定能被9整除。你又知道这个数其中的三个数为8、4、8，和是20，那么只有数字7和这些数字相加的和才是9的倍数。

20.14 猜出他的生日？

题 让你的同学在一张纸上写下他的出生日期，并把这个数作以下运算：

把所写的日乘以2，

把这个结果再乘以10，

再加上73，

用这个结果乘以5，再加上生日的月份数。

然后把这个结果告诉你，你就能知道他的出生年份了。

例如你同学的生日在8月17日，那么就要对它进行这样的计算：

$$17\times2=34,$$

$$34\times10=340,$$

$$340+73=413,$$

$$413\times5=2\,065,$$

$$2\,064+8=2\,073。$$

说出这个结果后，你再告诉你的同学他的出生日期。这是什么原理呢？

解 想知道未知日期，就要从最终结果上减365，得到的差值，最后的两位数就是月份，它前面的数字就是日子，如：

$2\,073-365=1\,708$,

由17—08可得，出生的日期为8月17日。这是怎么回事？假设月份为K，日子是N，然后按规则对它进行计算。

那么：$(2K\times10+73)\times5+N=100K+N+365$。从这个结果中减去365，就得到一个$K$的100倍和$N$的和。

20.15 对方多大岁数了？

让你的同学照下面的要求去做，你就能知道他的年龄：

写下两个数字；

在这两个数字中间加一个任意数字；

把得到的这个三位数反过来写，又得到了一个三位数；

比较这两个三位数，用较大的数减去较小的数；

把得到的差中的数字反过来写；

得到了一个新数字，用这个新数字加上前面的差；

再加上他的年龄。

计算出最后结果后，让他把这个结果告诉你，你就知道他的年龄了。

例如你的同学是23岁，那么他要进行下面的运算：

25，

275，

572，

572 - 275 = 297，

297 + 792 = 1 089，

1 089 + 23 = 1 112。

你的同学把计算出来的这个结果告诉你后，你能用这个数计算出他的年龄吗？

解 经过几次运算后，你就会发现一个问题：和年龄相加的数总是1 089。所以，你只要把对方告诉你的结果减去1 089，得出的数就是他的年龄了。

为了不暴露秘密，可以把最后几步运算做一些变化，比如说可以把1089除以9，再把得到的商和他的年龄相加。

20.16 他的家庭成员

让你的同学按下面的要求去做，你就能猜出他有几个兄弟姐妹了：

把他的兄弟数目加3；

用这个和乘以5；

再加20；

再乘以2；

再加上他姐妹的数目；

再加5。

计算出结果后，让他把这个结果告诉你，你就猜出他的兄弟姐妹的数目了。

假设你的同学有4个兄弟，7个姐妹。

接着，他要经过这样的运算：

$$4+3=7,$$

$$7\times5=35,$$

$$35+20=55,$$

$$55\times2=110,$$

$$110+7=117,$$

$$117+5=122。$$

你知道这个结果后，是怎样计算出他的兄弟姐妹的数目的呢？

想知道他有多少个兄弟姐妹，就要从这个结果中减去75：

$$122-75=47。$$

十位数就是他兄弟的数目，个位数就是他兄弟的数目。

假设兄弟的数目是a，姐妹的数目是b，那么这个运算过程就是：

$$[(a+3)\times5+20]\times2+b+5=10a+b+75。$$

那么差的这个两位数结果就是由数字a和b组成的。

注意：这个方法只适用于姐妹不超过9个的情况。

20.17 用电话本变个魔术

这个小魔术是这样的：

让你的朋友随意写下一个各个数字都不同的三位数，比如：648。把这个数反过来写，得到一个新的三位数：846，用较大的数减去较小的数[①]：

$$846 - 648 = 198。$$

把得到的这个差反过来写，再把这两个数相加：

$$198 + 891 = 1\,089。$$

他认为自己的计算过程你并不知道，所以他绝对不会认为你会知道这个结果。

然后你交给他一本电话本，让他找到他得到的结果的前三个数字表示的那一页。于是，他翻开第108页，然后你让他按照（1 089）最后一位数字说出相应的用户姓名来，这时你就能说出相对的电话号码。

你的朋友一定会为此大吃一惊的，他怎么也不会想到你怎么会知道这个。他只是随意记了一个数字，你居然就能准确猜到相对应的姓氏和电话号码。

那么你是怎么猜到的呢？

解 这个魔术的秘密其实非常简单，因为你同学运算出来的结果你早就知道了：用任意一个三位数进行上述运算，得到的结果都是1 089。所以你只要记住电话本上第108页第9行用户的名字和电话就可以了。

20.18 用色子变个戏法

题 例如：用纸片做4个色子，在色子的每一面上标上数字，把它们摆放起来（图20-7），接着，你就能用它们给你的朋友变个小魔术了。

你先到别的房间回避一下，让你的朋友随意把4个色子搭在一起，然后你再走进房间，只看一眼他搭出来的这个小柱体，就能立刻说出所有你看不到的面上的数字之和。如图20-7所示，所有看不见的面上的数字之和应该是25。

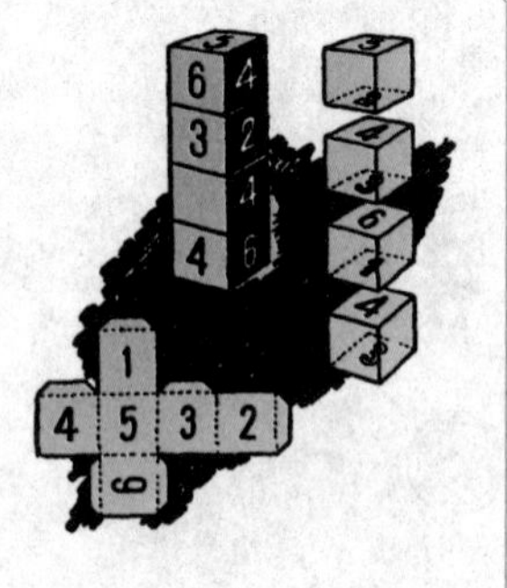

图 20-7

解 其实其中的奥秘很简单，都在于数字在色子上的分布规律：相对的两个面上的数字和都是7，如果你有所怀疑，可以看图20-7进行验证。所以，构成柱子的4对色子底面和顶面的数字和是 $7\times4=28$，接着，用28减去最上面那个色子顶面上的数字，就知道其它你看不到的七个面上的数字和是多少了。

20.19 卡片的小魔术

题

准备7张卡片（图20-8），按照图中所示在卡片上写上数字，并把一些数字剪掉。最后一张卡片同样要做剪切，但不要写字。

认真地把图中所示的数字抄到卡片上，不要出错。

写完之后，把写有数字的前6张卡片交给你的朋友，让他在这些数中挑选出一个数记在心里。然后让他把包含他挑选的数的卡片再还给你。

把他还给你的这些卡片摞在一起，再把没有写字的第七张卡片放在最上面，把小格子中显露出来的数字在心里加一下，得到的和就是你的朋友挑选出的那个数。

可能你根本猜不透其中的奥秘，其实这都是因为卡片上的独特的数字组合。在这里就不详加解说了。我著有一本更适合于精通数学的人阅读的书，在那本书中，有我对这个小魔术做出的解释，还有这个小魔术衍生出来的更有意思的小魔术。

39	63	54	38	45	61	49	33
53	■	57	46	43	41	■	62
34	40	■	55	42	51	59	35
60	32	44	59	■	58	■	58
36	48	50	56	52	47	42	37

45	63	27	10	58	9	61	42
29	8	11	57	30	59	■	62
13	24	■	60	40	47	14	56
46	■	12	44	■	25	■	27
43	15	41	31	26	62	12	26

33	49	27	17	21	55	61	39
3	■	31	51	63	43	■	13
15	7	1	19	15	23	59	41
57	■	29	9	■	35	■	51
53	5	47	25	45	33	11	37

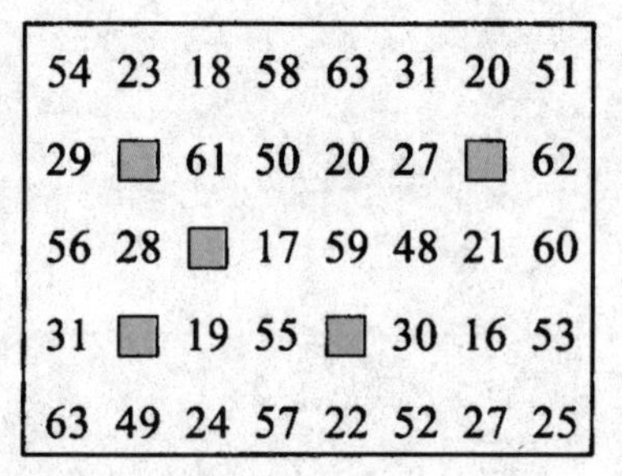

54	23	18	58	63	31	20	51
29	■	61	50	20	27	■	62
56	28	■	17	59	48	21	60
31	■	19	55	■	30	16	53
63	49	24	57	22	52	27	25

5	47	28	53	61	13	20	52
37	■	44	30	46	55	4	7
22	63	■	12	62	14	60	31
23	■	29	54	■	15	■	6
46	36	39	21	45	28	63	38

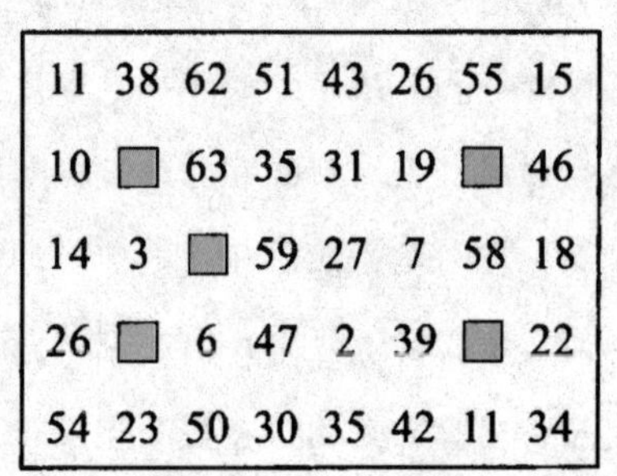

11	38	62	51	43	26	55	15
10	■	63	35	31	19	■	46
14	3	■	59	27	7	58	18
26	■	6	47	2	39	■	22
54	23	50	30	35	42	11	34

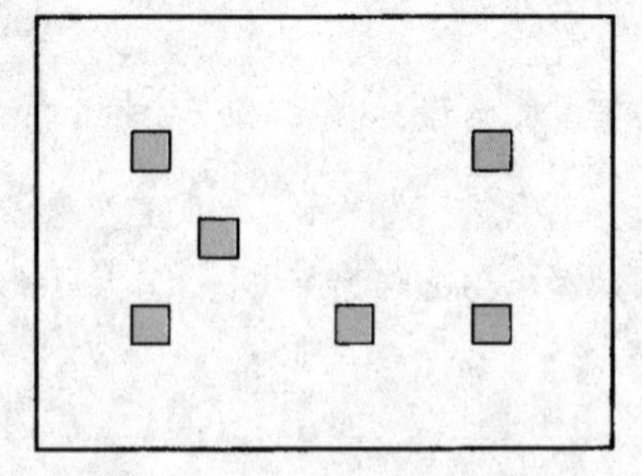

图 20-8

20.20 没写出来的数

题

三个数中，只有一个被写了出来，但要求你猜三个数的和是多少。应该怎样猜呢？

让你的朋友随意写下一个多位数：这就是第一个被加数。

例如他写的数是84 706，把这个加数先写到算式中，空出第二个和第三个加数的位置，这时，你就可以写出三个数的和：

第一个被加数：　　84 706

第二个被加数：

第三个被加数：

和　　　　184 705

然后让你的朋友随意写一个与第一个被加数位数相同的多位数：这就是第二个被加数，然后你立刻写出第三个被加数：

第一个被加数：　　84 706

第二个被加数：　　30 485

第三个被加数：　　69 514

和　　　　184 705

经过计算，证明你预先写出的结果是正确的。这是怎么回事呢？

解 在一个五位数基础上加99 999，就等于把它加100 000，再减1，在这个五位数前面加一个1，个位数上再减1。在心里，把第一个被加数加上99 999：

$$\begin{array}{r} 84\ 706 \\ +\ 99\ 999, \end{array}$$

这时你预先写下了三个加数的和：184 705，现在你要让第二个加数和第三个加数的和为 99 999。

当对方写下第二个被加数 30485 后，你再写上第三个被加数，这时，你要让每一个数字都与第二个被加数相应的数字相加的和为 9：

$$\begin{array}{r} 30\ 485 \\ +\ 69\ 514 \\ \hline 99\ 999 \end{array}$$

这样一来，你预先写好的结果肯定就是准确的了。

20.21 预测结果

19 世纪初，数学迷信在俄罗斯非常流行，在屠格涅夫的一部小说中，我们可以多少对这种数学迷信了解一些。那么，数学迷信会带来什么后果呢？《咚！咚！咚！》——伊利亚 · 杰格列夫：根据数字上的巧合，他确信自己就是拿破仑，只是没有被人们认出来而已。人们在他自杀后从他的口袋里发现一张写满了运算的纸条，内容如下：

拿破仑的生日	伊利亚 · 杰格列夫的生日
1769 年 8 月 15 日	1811 年 1 月 7 日
1769	1811
15	7
8（8 月）	1（1 月）
总计 1792	总计 1819
1	1

7	8
9	1
2	1
总计 19！	总计 19！
拿破仑死于	伊利亚·杰格列夫死于
1825年5月5日	1834年7月21日
1825	1834
5	21
5（5月）	7（7月）
总计 1835	总计 1862
1	1
8	8
3	6
5	2
总计 17！	总计 17！

一战初期，类似的数学占卜非常盛行。人们都希望用这样的方式可以预测出战争的结局。1916年，瑞士一家报纸刊登了一篇预示德国皇帝和奥匈帝国皇帝命运的文章，内容如下：

	威廉二世	弗兰茨·约瑟夫
出生年份	1859	1830
登基年份	1888	1848
年　龄	57	86
在位时间	28	68
总计	3832	3832

最后的和是一样的，又正好是 1 916 的两倍，由此预测这两位皇帝都会在这一年死亡。

其实这只是数字的巧合罢了，人们太愚蠢了，太信赖迷信了，其实只要把各行的位置调换一下，这些神秘感就不存在了。

各行分布：

出生年份，

登基年份，

年龄，

在位时间。

把一个人的年龄和他的出生年份相加就会得到当下的年份，把在位时间和登基年份相加，得到的也是当下的年份。所以把这四个数字相加得到的结果就是当下年份（1916 年）的 2 倍。

利用上面的解释，我们可以做一些有意思的数学魔术。找一个朋友来，要不知道这个秘密的人才行，让他在纸上写下四个数，不要给你看，并把这几个数相加：

出生年份

入学年份

年龄

学龄

这其中的任何一个数你都不知道，可你却知道他计算出来的结果是当下年份的 2 倍。

要使这个魔术更加迷惑人，可以再加几个除了这 4 个数的其他你知道的数，只要你表演得足够好，别人一定猜不出其中奥秘的。